只有坚持得住的人，才能最终走向成功

成事三要

事不拖 | 话不多 | 人不作

文 博·编著

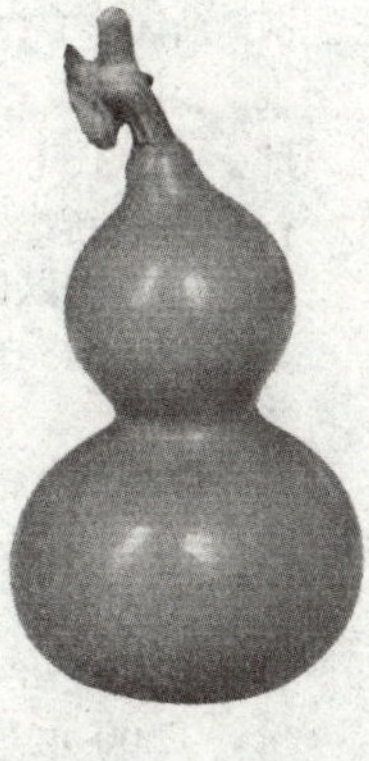

黑龙江科学技术出版社
HEILONGJIANG SCIENCE AND TECHNOLOGY PRESS

图书在版编目（CIP）数据

成事三要：事不拖、话不多、人不作 / 文博编著
. -- 哈尔滨：黑龙江科学技术出版社，2020.4
ISBN 978-7-5719-0405-0

Ⅰ. ①成… Ⅱ. ①文… Ⅲ. ①人生哲学－通俗读物
Ⅳ. ① B821-49

中国版本图书馆 CIP 数据核字 (2020) 第 030693 号

成事三要 事不拖 话不多 人不作
CHENGSHI SAN YAO SHI BU TUO HUA BU DUO REN BU ZUO

编　　著　文　博
责任编辑　徐　洋
封面设计　书虫文化
出　　版　黑龙江科学技术出版社
地　　址　哈尔滨市南岗区公安街 70-2 号
邮　　编　150007
电　　话　（0451）53642106
传　　真　（0451）53642143
网　　址　www.lkcbs.cn
发　　行　全国新华书店
印　　刷　阳信龙跃印务有限公司
开　　本　880mm × 1230mm　1/32
印　　张　6
字　　数　91 千字
版　　次　2020 年 4 月第 1 版
印　　次　2020 年 4 月第 1 次印刷
书　　号　ISBN 978-7-5719-0405-0
定　　价　32.00 元

编者的话

人生路漫漫，最怕碌碌无为、一事无成。我们每个人都不是天生的弱者，也没有人甘心一生平庸，成功虽然说起来简单，但真正成功的人却寥寥可数，为什么其中没有你呢，你是否思考过？

成功虽然看起来可望而不可即，但其实没有那么遥远。只要我们确定好方向，一步一步，踏歌前行，就没有到不了的远方。

不要期望成功会有捷径，也不要认为只要努力就能成功。成功不仅需要强大的信念，还需要矢志不渝的坚持，以及纵横捭阖的智慧。成功虽然没有捷径，但却有秘诀。

那么，成功的秘诀是什么呢？

是方法。

成功需要不懈的奋斗和努力，但有些人努力了也徒劳无功，为什么？因为他们的努力没有效果。想要左右逢源，想要心想事成，想要功成名就，就要通过各种途径去重塑自身，包括说话、办事、心理建设等。

为人处世是一门精深的学问，一言一行都有其道理。说话是我们与人沟通的重要方式，不在于说什么，而在于怎么说。做事能力体现了一个人交际能力的强弱，想要事成，就要深谙交际之道，编织好人际关系网。做人不简单，弄懂做人之道可受益一生。会做人，才能立身；会做人，才能广交朋友；会做人，才能办好事。

另外，心理状态也深藏玄妙，一颗心如果充满了负能量，郁郁寡欢，还斤斤计较，容不下，看不开，想不通，那么我们的人生也不可能顺遂。积极的心态是成功的加油站，只有元气满满，才能一往无前；只有不畏失败，勇往直前，才能所向披靡。

本书不仅包含了为人处世的智慧、成功的方法，还涵盖了修心以及读懂他人的方法，这些秘诀一定能稳住你彷徨的心，指导你去努力与拼搏，提升你的人生高度，改写你的命运。

愿本书能对你的人生有所帮助，帮你认清人生的真相，看清事实，找到通往成功的光明大道。

目录

CONTENTS

上篇

事不拖，向顽固的拖懒习性宣战

中篇

话不多，不该说的绝不妄言

下篇

人不作，事事牢记尺度和分寸

上篇

事不拖，

向顽固的拖懒习性宣战

／ 第一章 ／

拖来拖去，人生也将蹉跎

拖延行动，等来的只有空谈

很多人在生活或工作中喜欢制订计划，从而在全面、周密的计划中获得部分满足。但是如果无法将计划变成行动，仅仅空做计划，那么在 N 年后，这些空谈的计划带给你的只有失落，尤其是当同时起步的朋友已经实现了计划的时候。

有全面的计划是成功的首要前提，但是计划是需要一步步行动实现的，若是一直不付诸行动，拖延着时间，等来的只是空谈。

成千上万的人都拥有雄心壮志，为什么很多人没有如愿以偿，甚至还在温饱线上挣扎，就因为他们一直在拖延行动。他们并不是不想行动，只是想过一段时间再开始，这样一晃就是一生。成功人士都能理解这句格言：拖延等于死亡。

“非知之艰，行之惟艰。”经常听人说：“我很清楚今天需要做这件事，但是今天我心情不好、状态不好、条件不好，这种情况下，我肯定做不好这件事，还是等等再说吧。”于是他开始拖延，把该做的事放在一边，去做那些无关紧要的事。

这件事也许比较乏味、比较困难，但是，一件事是否值得做，不在于它能带来多少乐趣，而在于它对人格发展、自我完善和成就事业的作用如何。

其实，万事开头难，你只需要强迫自己做一次，就能找到行动的感觉了。一件看起来很难的事情，只要开了头就没有那么难了，也许开头只需几分钟的时间，你就能进入到行动的良好状态，踏出成功之路的第一步，但是许多人拖延了一辈子也没付出这几分钟。

为什么对许多人来说行动这么难？因为行动就意味着

要承担一系列的责任，而人会下意识地惧怕承担责任。

要想有所成就，就不能害怕承担责任，要下定决心，暗示自己可以承担任何正常职业生涯中的责任，并且可以出色地完成所做的事情。世界上最愚蠢的事情就是推卸眼前的责任，等待所谓的“时机成熟”。在需要承担重大责任的时候，应该马上行动起来。如果不这样做，即使将来的条件比现在更好，我们也不敢肯定时机是否成熟。没有开始，成功更是无从谈起。

既然下定了决心，就要勇往直前，因为只有行动，才能成功。

俗话说，“趁热打铁”“趁阳光灿烂的时候晒干草”。很少有人会注意到自己常在什么时候比较懒散倦怠。有的人是在午饭后，有的人是在晚上7点钟以后就什么都不想干了。每个人一天中往往都有一个关键时刻，而此时即是做事的最佳时机。如果这一天不想白过的话，这个时刻一定不要浪费。对大多数人而言，早晨的几小时往往是这一天过得是否充实的关键时刻。

迟疑和拖延不仅是一种坏习惯，更是一种病症，它对一个人的成长和发展会产生严重影响。对那些深受迟疑和拖延之苦的人来说，治疗它的唯一办法就是做出果断的决定。否则，它将成为摧毁胜利和成就的致命武器。通常来说，迟疑和拖延不决的人就是失败的人。

一位著名作家说过，床是个让人又爱又恨的东西。我们晚上上床睡觉前，想到没有完成的工作总觉得睡觉还太早。但是，我们早上同样不愿意早起床。很多人每天晚上下决心第二天一定要早起，但是，第二天早上还是在床上伸懒腰、打呵欠，磨磨蹭蹭不愿意起床。

然而，世界上大多数杰出人物起床都很早，彼得大帝总是天未亮就起床。他说："我要使自己的生命尽可能地延长，所以就尽可能地缩短睡觉的时间。"哥伦布在清晨的几小时计划寻找新大陆的航线；拿破仑在清晨考虑他最重要的战略部署。古代和现代的许多著名人士都习惯早起，诗人布赖恩特 5 点钟起床，历史学家班克罗夫特天亮起床，我们所熟知的很多重要作家都起得很早。另外，华盛顿、杰弗逊、韦伯斯特、克莱和卡尔霍恩等政界要人也都习惯早起。

丹尼尔·韦伯斯特经常在早餐前写 20~30 封回信。沃尔特·司各特每到早餐时，就已经完成了一天当中最重要的工作。一个渴望有杰出成就的年轻人写信向他请教，他这样答复："一定要警惕那种使你不能按时完成工作的习惯，我指的是，拖延磨蹭的习惯。要做的工作马上去做，干完工作后再去消遣，千万不要在完成工作之前先去玩乐。"

拖延了事可要不得

一块大石头被搁置在田间多年，它多次弄坏了老农的犁头和播种机，老农对此无可奈何，心中很烦闷，这块大石头成了他种田时的一大烦恼。

有一天，他在锄地时，犁头又一次被大石头碰断了，这次彻底惹怒了老农。他想起大石头给他带来的无尽烦恼，终于下决心了结这块大石头。于是，他找来撬棍伸进大石头底下，却惊讶地发现，原来大石头埋在地下的部分并没有想象的那么深、那么厚，稍使些劲儿就可以把大石头撬起来，再用大锤打碎，很简单地就能将它清出去。老农脑海里闪过多年来被大石头困扰的情景，想到原来可以更早些把这桩令他头疼的事处理掉，不禁露出一丝苦笑。

从这个故事中，我们领悟出：遇到问题应立即弄清根源，有问题更须立即处理，绝不可拖延。

在企业管理活动中，常常会遇到类似老农与大石头的这种事情，管理中往往会遇到反复出现的问题或不良现象。如若讳疾忌医或拖延了事，有可能会把小事拖大，很小的麻烦变成大事故，从而给企业带来风险，甚至使企业的生产经营活动无法正常进行，严重时还会威胁到企业的生存。所以，对企业管理中出现频率较高的问题，不应回避，而是发现苗头，及时调查，追根溯源，尽快找出解决的途径和办法。

也有人认为，优柔寡断是慎重考虑的表现。但是在当下快节奏且充满竞争的社会中，也许你的审慎会让你错失良机，想要把握机会，就要当机立断，绝不拖泥带水。当然，这个决定也有可能会失败，但我们要明白：任何一个赢家都未必每场必赢，只是赢的机会居多而已。若恐惧失败，连应战的勇气都没有的话，那么赢的机会是永远为零。

所以我们做事情一定要果断，不要拖拖拉拉，只有这样，才会有机会做好每一件事情。

在军校里，第一个观念就是：没有任何借口，不要拖延，立即行动！例如，如果第一次由于某些原因没有及时擦亮皮鞋，你以种种借口解释开脱，那么，第二次、第三次……久而久之，至少在类似擦皮鞋这样的事情上，你学会了找借口，进而养成了一种为自己的错误开脱的习惯。这些借口或习惯，会造成你对擦皮鞋这件事无故拖延，甚至无视擦皮鞋这件事。

进一步想想，如果不是擦皮鞋，而是在战场上、在修筑工事、在对敌冲锋……这样的习惯将会造成多么可怕的后果呀！

这不是把问题绝对化，其实，商场就是战场，工作就如同战斗。要想在商场上立于不败之地，在工作中出类拔萃，就必须有超强的战斗能力。任何一个经营者都知道，对那些做事拖延的人，是不能抱有太高期望的。

今天该完成的事拖到明天去做，今天该见的客户等到明天见也不迟，这个月该完成的报表拖到下一个月……明明坚持一下或努力一下就可以完成的事，为什么非要拖到明天呢？而且，这些爱拖延的人还借口特别多：工作太无聊、太辛苦，工作环境不好，老板脑筋有问题，完成期限太短，等等。这样的人暂不管其业绩如何，首先他肯定是不努力工作的人，至少是没有良好工作态度的人，他们这样混日子，早晚会害了自己。

凡事都留待明天处理的态度就是拖延，这是一种很坏的工作习惯。每当要付出劳动时，或要做出抉择时，总会找出一些借口来安慰自己，总想让自己轻松些、舒服些。奇怪的是，这些经常喊累的拖延者，却可以在健身房、酒吧或购物中心流连数个小时而毫无倦意。但是，看看他们上班的模样！你是否常听他们说："天哪，真希望明天不用上班。"带着这样的念头从健身房、酒吧、购物中心回来，只会感觉工作压力越来越大。今日事今日毕，绝不拖延，立刻行动，迎来的将是高效的人生！

消灭拖延的借口

人们总是在不经意间将必须做的事拖延一段时间，总习惯在行动之前先让自己享受一下最后的安逸。可是在休息之后又想继续享受，有时甚至行动尚未开始，这件事的期限已经到了。事实就是，没有底线的拖延直接导致做事的失败。

很多人应该遇到过这样的场景：你下定决心要克服睡懒觉的坏习惯，于是计划每天早上 6 点起床。可是到了第二天，闹钟准时响了，你根本就没有精神起床。于是对自己说：“今天是最后一次，就再多睡 10 分钟吧，明天一定不会出现这种情况。”果然，你关掉闹钟，继续睡觉。直到惊醒过来，发现马上迟到了，于是匆匆忙忙地起床，再次重复了以前的错误。

这就是所谓的拖延。拖延会使你制订的计划成为泡影。每个人都清楚制订计划会带来的好处和拖延带来的后果。可是当付诸行动时，又总会为自己的拖延找各种各样的借口。下面列举了一些常见的借口，希望大家能够认真地对待：

1. 条件设备还不齐全

如果所有的行动都如发射火箭一样，那么在火箭发射之前，需要的设备、程序等必须全部到位，行动只在发射的一刹那间，那么这个理由是完全合理的。但是，在许多行动中，如果要等到设备和条件齐全以后才开始行动，那么我们可能会错失机遇。例如，一家企业准备生产一批急需商品时，由于所需材料短缺，需要时间从外地运送。作为总经理，你是等着材料全部凑足才开始生产吗？肯定不会，你会用现有的材料一边生产，一边将材料备齐。如果等到运输的材料到齐以后才开始生产，那么紧缺商品可能会变成滞销商品。

如果总是以条件不齐全作为借口，迟迟不行动，那么最后只会延误计划，丧失机会。遇到这样的情况，应先利用已有的条件开始行动，在行动过程中，搜集或等待条件齐全。

那些总是把“条件不齐全”挂在嘴边的人，并不是已有的条件不够齐全，而是他们要么做事墨守成规，要么死板呆滞或者给自己的懒惰找借口。总之，最后的结果都会延误时机。

2. 行动已经太晚了

有些人会说：“不是我不想行动，只是现在行动已经来不及了，何必花时间和精力做没有意义的事呢？”这种消极的想法，只会使他们主动放弃最后补救的机会。

只要行动开始，任何时候都不晚。也许我们错过了一些好的机会和条件，或者是因为之前自己一些错误的行为导致不太好的结果出现，但是，既然已经发生了，那我们除了行动别无选择。反之，就只剩放弃和失败了。

我们行动就是为了重新找回错失的机遇或条件，弥补现有的损失和之前的错误，尽量让事情处于一个正常发展的状态，或者为行动提供一定的条件。在错失机遇或出现错误之后，还不挽救和弥补，将会一错再错，损失更多。

现在行动真的太晚了吗？一些人的思想过于消极悲观，已经失去了成功人应有的自信，所以才出此言。有些字写得不好的人，在坚持一段时间的练字后，会发出这样的感叹："字已成形，已经写不好了。"在这个世界上，既没有不可能做不到的事情，也没有来不及的行动，只要你现在开始行动，并且持之以恒地坚持下去，总会出现让你意想不到的惊喜。

"来不及"体现的是一种消极的心态，我们要自信，坚信自己有能力补救已失去的东西，只有这样，才有成功的希望。如果你放弃，那将是永远的失败。

3. 它是我不喜欢的事情

日常生活中，打扫屋子、洗锅刷碗是大部分人都讨厌的事情。可是，我想，当你看到又脏又乱的屋子，不会无动于衷吧？遇到自己不喜欢做的事情，人们很难产生行动主动性。可是有的事情无论你再怎么讨厌，也必须去做，这不是自己的主观意识所能决定的。教你一些在遇到这种事情时解决的方法：遇到自己讨厌但必须要完成的事情，在你为它们绞尽脑汁之前，立刻行动，尽快将它们做完。否则，你拖的时间越长，厌恶感越强烈，行动起来就会越烦躁。因此，你应该趁着厌恶感未产生或加深之时，赶紧行动，完成自己必须要完成的事。

如果你不喜欢洗锅刷碗，那么吃完饭以后不要休息，不要去想这活儿有多累，立即行动，去厨房把这些事情做完，这样既省心又省事。

成功者一定是知行合一、做事不拖沓的人。时间对于他们来说，如生命一样宝贵，快速完成一件事体现的是他们做事的效率，他们也把时间视为金钱，拖延一分钟，就是浪费一分钟。只有立即行动才能比其他人拥有更多的时间，比别人能更早抓住机遇。

有人说，判断一个人是否成功，就去仔细观察他走路的速度和力度。如果走路速度快、力度大，那这个人是一个沉稳又干练的人，这样的人获得成功的概率比较大。而对于一个拖延者来说，他们的脚步始终“慢三拍”。对于成功者来说，他们需要的是“快三拍”。

随着时代的发展，人们的生活节奏越来越快，每个人都是马不停蹄地往前冲。如果你还想歇歇，那你最后只能被这个竞争激烈的社会所淘汰，危机意识要求人们必须加快行动的步伐，不能掉队。

拖延消耗着我们的生命

懒惰之人的一个重要特征就是拖延。他们会把前一天就该完成的事情拖延到今天，又把今天应该完成的事情拖延到明天。就在这样的过程中，将梦想与青春，遗憾地画上了句号。

对于每一个渴望成功的人来说，拖延所具有的破坏力是惊人的，它使人丧失进取心，失去宝贵的时间。拖延在人们日常生活中司空见惯，如果你将一天之内所做的事情都记录下来，就会惊讶地发现，拖延正在不知不觉中消耗着我们的生命。

迈克和约翰是邻居，他们的家坐落在离小村不远的山坡上，那里空气清新，景色宜人，简直就是个世外桃源。然而美中不足的是，在通往他们两家的道路上，有一棵胡杨树挡在路中间，每次开车经过时，他们都不得不小心地绕行。

一天，两人在路上相遇了，他们商量要把这棵拦路树砍掉，最好明天就动手。“可是……可是我明天要到佛罗里达州办一件重要的事情！”约翰说。

“那么就过几天好了，我想我们联手一定会把这个大家伙干掉的！”迈克回答道。

然而，事情并没有按预期的那样发展。几乎每次谈及此事，他们都会有一些意外的事情要去处理。就这样，日子一天天地过去了，胡杨树也一天天地长大，一年、两年、五年、十年……一天，两位老人再次在树旁相遇了。“老朋友，我们真的应该把它砍掉了，要不然孙子和孙女他们会在这儿出事的。”迈克望着已经长得粗壮如柱的胡杨树说。

“是呀，我们拖延了这么久，今天必须把它锯掉！”约翰说完，便步履蹒跚地回家去取锯子，决心今天就兑现他们几十年前的承诺。可是，他们老迈的身体已经锯不动那棵大树了，只留下“蚍蜉撼大树，可笑不自量”的感叹。

爱拖延的人，往往是“言语的巨人，行动的侏儒”。任何憧憬或理想的计划，都会在拖延中落空。要想成功，就应该克服拖延的习惯，将其从自己的生活中根除。以下几个方法可以帮助你克服拖延这一不良习惯。第一，明确每天的工作内容，并且主动去完成；第二，只要认为是有意义的事情，就立刻去做；第三，每天至少做出一件对其他人有价值的事情，而且不期望获得回报。

以上三条是对抗拖延的“良药”。但是也许有的人会为拖延“申冤”，例如在疲倦、沮丧或者愤怒的时候，中断工作比勉强继续的效果好；在没有足够的条件来完成某项工作的时候，就应该暂时搁置去做好充分的准备。但是这些都不过是弱者的借口而已。通过前面所说的种种借口，想想看吧，你又浪费了多少宝贵的时间！

时间一旦消逝，便永不回头。我们应该想想自己的生命大约还剩下多少时间，立即拒绝拖延，提高工作效率，从而给自己腾出更多的私人时间，在这个竞争激烈、瞬息万变的世界中享受工作和人生。现在就开始做吧！抓住生活中的每一个机会，决不拖延，心动不如行动。

╱ 第二章 ╱

一味空想，希冀终会成为泡沫

“想”终归只是“想”

如果你总是“想着”成功，那么成功永远不可能降临到你的身上。

阿凡提的故事中有一个这样的笑话：巴依老爷有一颗鸡蛋，看着这颗鸡蛋，他心里想：真棒，这个鸡蛋可以孵出小鸡，等小鸡长大了，就可以下更多的鸡蛋。更多的鸡蛋就能孵出更多的鸡，更多的鸡又会生更多的蛋，蛋生鸡，鸡生蛋。啊！光是想着，他就仿佛已经看到了闪闪发亮的金币，住上了华丽的宫殿……

突然，“啪”的一声，一不小心，手里的鸡蛋掉在地上碎了，他的一切梦想最后都变成了幻想。

想想这是一件多么可笑的事，如果只是空想，而不去行动，那么最后什么也没有。如果想要自己的想象变成现实，就必须付诸行动，去努力改变你的人生，提高你的生活品质。

第二次世界大战发生后不久，席第先生进入了美国的邮政局，从事海关工作。他非常热爱自己的这份工作，可是在五年之后，由于工作上的各种限制——固定上下班时间、微薄的薪水、靠年资升迁的死板人事制度。这一切让他看不到升迁的机会，也令他对这份工作越来越不满。

一日，他突然想到，既然他已经学到许多贸易商应该具备的专业知识——这是他多年来在海关工作耳濡目染的结果——为什么不能早一点儿从那里跳出来，自己做礼品、玩具的生意呢？他注意到做贸易的商人，对这个行业的细节了解得并不比他多。

虽然已经有了创业的想法，可是他依旧本本分分地在海关上班，依旧对工作心怀不满，依旧每天想着自己的玩具生意。是的，他只是想着，十余年来，他没有为自己的理想有一丝的行动，因此，他仍在“想”，也仅仅是在“想”。

Atari公司的创始人，电子游戏之父诺兰·布什内尔（Nolan Bushnell）在被人问到企业家成功的关键是什么时，他回答道：“关键在于抛开自己的懒惰，去做点儿什么，就这么简单。很多人的想法都不错，但只有那极少数的人会立即行动，将自己的想法付诸实践。不是明天，不是下星期，就在今天。真正的企业家是一位真真实实的行动者，而不是什么空想家。”

你还记得你10年前做过什么吗？当时你有没有被问到“你的理想是什么？”这样的问题。或许你的答案有很多，可是10年后的今天，我们扪心自问，当初你所说的理想实现了吗？愿望达到了吗？如果没有，那你现在再仔细想一想，10年后你想要完成什么？假如你到现在依旧犹豫不决，那么接下来的这个10年也会很快过去，10年以后你仍会一事无成。

10年很短暂，一眨眼就过去了，因此，我们不要在最应该努力的年纪平平庸庸、碌碌无为地度过。千万不要抱有一些不切实际的幻想，要下定决心去努力，因为你人生的高度取决于你当初所做的决定、所下的决心和所付出的努力。

“命运”对大多数人来说是一个神秘的词语，他们总是认为一切都是命中注定的，成功被命运无形的力量控制着。即使是成功人士，偶尔也会相信命运的力量，尽管他们之中没有什么人命中注定就是成功的。

著名的高尔夫球手塞夫，22 岁获得 1979 年全英公开赛冠军，他当时说，胜利属于他的命运。

我们平常称之为“命运”的东西，实际上是明确的目标的结果。虽然不能证明这个观点是否正确，但温布尔登或英国足协杯的冠军获得者，他们每一个人从童年时代起就开始了艰苦的训练，为了完成自己的梦想在不断地努力。不可否认，某些成功人士有时会把自己的成就归功于当时的幸运，或是竞技比赛中的超常发挥，但当我们仔细深入地去了解一下就会发现，他们每天艰辛的训练和坚持不懈的努力，早已为他们埋下了成功的种子，只等开花结果。

不管是在工作中，还是在生活中，你总有紧张焦虑的时候，面对一些事，总担心自己做不好，对自己没有信心。出现这些情绪和想法是正常的，因为当你期望完成自己的目标和实现愿望时，紧张和焦虑也会随之而来。你越想实现这个愿望，就越紧张。而且这种焦虑会因为你的主观意识而转移，你越想摆脱越摆脱不了。如果将所有的心思和精力花费在如何消除紧张情绪上，或总因为紧张和担心而苦恼的话，不但会浪费时间，而且会让你离目标越来越远。相反，行动由我们的主观意识所支配，只有行动才能帮助我们实现自己的目标。所以，情绪、想法和行动不是同一回事，我们需要分开对待。如果你正在为某件事紧张，总是担心没有希望时，你只需将它们看成自己的另一种情绪和想法就可以了。你应该将自己所有的精力都投入到实际学习中，不要浪费每一分每一秒，做些实实在在的事情，比如做一道习题、记一个单词。要想实现你的目标，紧张和担心是无用的，只有投入学习和工作中，才有可能实现你的愿望。

我们每个人都可能有爱幻想的时候，在这个时候，我们总会懒散、拖沓、不信守承诺、缺乏毅力等，这些都是由于缺乏自律导致的，而我们给自己开出的药是“明天”。“明天”会让我们那些不好的症状得到暂时的缓解，但却永远无法根治。当我们再次遇到它们时，唯一的办法仍然是下一个“明天”。不管你的自控能力如何，从现在开始尝试改变，既然决定现在尝试，那么必须现在行动，不要让“总有一天”综合征缠住你。在日常生活中，我们总爱自欺欺人，常常暗示自己：只要静静等待，幸福美好的人生就会自然而然地出现。可是，这种想法只是画饼充饥，未来的生活始终取决于你今天的行动和努力。

做“心动专家”，不如做“行动大师”

古时候，四川有两个僧人，一个穷一个富，他们两个为了拜佛求经，都想去万里之遥的佛学圣地——南海。

穷和尚本来想与富和尚搭伴前往，可富和尚却嘲讽他说：“我好几年前就想去那个地方，我本来想买一艘大船顺流而下到南海，可到现在，购船的资金还没有筹备齐全，不得已只好将自己的出行计划一再推迟。像你这样贫穷寒酸的和尚也想去南海，真是白日做梦！”

最后，穷和尚拿着一个水瓶和一个化缘的钵子只身前往南海。若干年之后，他带着在南海学到的知识回到自己原先的寺庙。而曾经那个嘲讽他的富和尚，依然在为南海之行做着各种烦琐的准备工作。

相信这个故事大家都不陌生，但是能从这个故事中悟到真谛的人又有多少呢？遇到需要完成的事情，我们总是会说："等明天吧！"可是，一个明天过去了，依旧未行动；两个明天过去了，还是无动于衷。那最终的结果就是一事无成。

莎士比亚说："在时间的大钟上，只有两个字——现在。"老子曰："千里之行，始于足下。"把握住现在，就是掌握了未来；没有很好地抓住现在，也就意味着失去了美好的将来。认识世间万物，要有时间紧迫感；认识你自己，也要有时间紧迫感。

五官科病房里同时住进来两位病人，他们两个的病症都是鼻子不舒服。在化验结果没出来之时，甲说："如果我得的是癌，那我就去旅行，去的第一个地方是拉萨。"乙的想法和甲的一样。但检验结果是，甲得的是鼻癌，乙长的是鼻息肉。

甲给自己做了生命结束之前的计划表后就离开了医院，乙在医院病房里住了下来。甲的计划表是：去一趟拉萨和敦煌；坐着船从攀枝花到长江口；到海南的三亚，在椰子树下拍一张照片；冬天要在哈尔滨度过；坐着船从大连到广西的北海；登上北京天安门；把莎士比亚的所有作品都读完；争取听一次阿炳原版的《二泉映月》；写一本书；等等。他总共写了 27 条计划。

他在这张生命清单的后面写道："在我的一生中，有许多梦想，有的实现了，有的由于各种各样的原因没有实现。既然现在上帝留给我的时间不多了，为了在离开这个世界时不留遗憾，我计划用生命的最后几年去实现之前没有完成的 27 个梦想。"

那一年，甲在就职的公司辞职了，去了拉萨和敦煌。第二年，他又以惊人的毅力和韧性通过了成人考试。在这期间，他登上过天安门，也曾在内蒙古大草原策马奔驰，同当地牧民共饮马奶酒。此刻的他正在努力完成写一本书的夙愿。

有一天，乙在偶然间看到报纸上甲写的一篇散文，于是打电话问甲的病情。甲说："我真的无法想象，如果不是得了这场病，我发现不了原来我的人生是多么糟糕，是它提醒我，应该在有限的生命里去做自己想做的事，去实现自己一直想要实现的梦想。直到现在，我才深刻地体会到什么是真正的生命和人生。你的生活过得也不错吧？”乙没有回答，因为他当时在医院里说去拉萨和敦煌的事，在他知道自己患的不是癌症以后，就早已抛之脑后了。

这个故事和前面两个和尚的故事非常相似。制订好计划，如果不立即行动，再好的计划最后也会落得一场空。

在这个世界上，每个人都会面对不可抵抗的死亡，但很少有人像那位鼻癌患者一样，给自己列出一张生命清单，抛开一切杂念，一心一意地去完成自己的梦想，去做自己一直以来想要做的事，就是因为我们总是认为自己的生命还很长，会活得很久。正是这一点儿量上的差别，最后使我们的生命有了不同的高度：有些人努力把自己的梦想变成了现实，而有些人最后只是把梦想带进了坟墓。

想要成为一个人生赢家，就必须要有“三十功名尘与土，八千里路云和月。莫等闲，白了少年头，空悲切”的意识，要有时间的紧迫感，行动要从现在开始。

现实生活中，存在这样两种类型的人：一类是整天沉浸在自己的幻想中，没有一点儿要行动的想法；另一类喜欢把想法添加到自己的计划中，做一个敢想、敢于行动的人。你是其中的哪一类人？回头想想自己的经历，或许你心中已经有了答案。

然而，这个看似很普遍，大家都知道的问题，很多人在自己身上并没有对其给予足够的重视，因为他们总是把失败归结于外在因素，不会从自己的身上寻找失败的原因。其中很重要的一条是：这些人常常是只做幻想大师，他们看到那些看不见、摸不着的虚幻的东西时，心动不已，总想着凭借自己的主观想象和意愿就可以实现人生目标和理想，就能过自己向往的生活，就能成为一个被人羡慕的人。抛开这些特定的人不讲，现实中，在我们身边，有许多整天躺着发呆、空想自己人生的人，他们的一生之所以碌碌无为，就是因为他们都是“心动专家”，而不是“行动大师”。

有人说，心想事成。这句话是没有错，但前提是在想了以后要有所行动。很多人只把想法停留在空想的世界里，并没有将它们落实到自己的实际行动中，最后的结果只是竹篮打水——一场空。当然，也有一部分人，他们并非是一直空想，他们是想得多干得少，虽然这种人比那些纯粹的“心动专家”要好一些，但他们也很难取得成功。

俗话说得好："一百次心动不如一次行动！"因为行动是我们敢于尝试，一个敢于改变自己、勇于拯救自己的标志，它可以证明一个人的能力有多强。光心想、光会说，都是虚的，看不到一点儿实际存在的东西。美国著名的成功学大师马克·杰弗逊说："一次行动就足以显示一个人的弱点和优点是什么，能够及时提醒此人找到人生的突破口。"毋庸置疑，绝大多数做大事的成功者，通常都是勤于行动和巧妙行动。相关的例子多不胜数。在人生的旅途中，我们真正需要的是：用自己的实际行动来证明和完成那些曾经一直想要实现的梦想。

一位侨居海外的华裔大富翁小的时候，家里十分贫穷。一天，在放学回家的路上，他忍不住问自己的妈妈："为什么别的小朋友都是汽车接送，而我们总是走着回家？"妈妈很无奈地对他说："因为我们家穷！""为什么我们家穷呢？"妈妈告诉他："孩子，你爷爷的父亲本来是一个穷书生，经过十几年的寒窗苦读，最后终于考上了状元，官达二品，富甲一方。可谁能想到你爷爷整天游手好闲，喝酒享乐，不思进取。他的一生中从来没有努力做过一件事，最后导致家道败落。而你父亲生在时局动荡的战乱年代，他总是感叹自己生不逢时。虽想从军，但又害怕打仗；想做生意，又怕错失良机，最后就这样一事无成，带着遗憾离开了。他临终时说过这样一句话：大鱼吃小鱼，快鱼吃慢鱼。"

"孩子，咱们家族的复兴和强大只能靠你了，如果你心里想到了一件事，觉得合适就立马行动起来，只有努力去做了才会成功。"他记住了母亲说的话，用家里的 10 亩祖田和 3 间老房子做本钱，最终成为华人富翁。他在自传的扉页上写下这样一句话："想到了、发现了商机，赶紧行动起来，持之以恒地努力，成功的关键在于领先别人半步。"

或许，你在很早之前就为自己的未来制订了一个完美细致的计划，但是它也会让你感到烦恼，你总是迟迟不肯行动，没有将计划付诸实践，总是以各种原因等待更好的机会，或经常对自己说："等到明天再做。"这些做法和想法会严重地影响你做事的效率。所以，想要把某件事成功地完成，必须马上行动。再伟大再完美的计划，如果没有将它落实到实际行动中，也会像准备好了设计图纸，没有盖起来的房子一样，最后只能是纸上谈兵，留一个空中楼阁。

有这样一个人，从确立目标的那一刻起，他就将行动放在了第一位。当时，他是美国海岸警卫队的一名厨师，在空闲时间常帮助同事们写情书，写了一段时间以后，他发现自己已经喜欢上了写作。他给自己定了一个目标：花两到三年的时间写一本长篇小说。为了让这个目标成功实现，他立刻行动起来。每天晚上，身边的人都去娱乐了，他却一个人待在屋子里不停地写作。他坚持了整整 8 年，8 年以后，他终于在一本杂志上发表了自己的第一篇作品。虽然只是一个小小的豆腐块，稿酬也仅仅是 100 美元。但他并没有丧失信心，相反，他从中发现了自己写作方面的潜力。

从美国海岸警卫队退休以后，他没有停止写作，可是得到的稿费越来越少，欠的钱却越来越多了。很多时候，他身上的钱都不足以买一个面包。即使如此，他仍然锲而不舍，坚持不懈地写着。朋友们都觉得他实在太穷了，就给他推荐了一份在政府部门工作的差事。可他拒绝了，他说："我的梦想是成为一个作家，所以我必须不停地写作。"几年后，他的作品终于完成了。为了这个写书的梦想，他花费了整整 12 年的时间，忍受了一般人无法承受的艰难困苦。由于每天不停地写，他的手指早已变形，视力也下降不少。

该书出版后引起了很大的反响，仅在美国就发行了160万册精装本和370万册平装本。他的这部小说还被改编成电视连续剧，观看人数超过了1.3亿，是美国历史上收视率最高的影视剧。1977年，这位作家获得了普利策特别奖，收入一下子超过500万美元。

他，就是《根》的作者亚利克斯·哈利。哈利说："获得成功的唯一办法就是'立刻行动'，努力工作，在努力的过程中对自己的目标深信不疑。这个世界上不存在什么神奇的魔法可以将你轻而易举地推上成功的巅峰，你必须心怀理想，满怀信心，遇到困难时必须想尽一切办法去克服它。"

现在开始可以很好地诠释你的勇敢。立刻行动，你就会少一分不切实际的幻想，多一分成功的希望。让我们现在积极行动起来吧！

愚蠢的人才会将希望寄托于想象

吉列公司的开创者金·吉列，在1901年把可替换刀片的安全剃须刀推向世人，该产品取得了极大的成功。当时，士兵们一定要把脸刮干净，以保证防毒面具能够正常使用。

战争使这种安全剃须刀在美国占据了一席之地，然而士兵雅克布·希克对这种剃须刀却并不认同。因为当有热水时，这种剃须刀无疑是很好的，然而希克的驻地在阿拉斯加，每天早晨他都得敲开冰层取水刮脸。于是，希克产生了发明一种干剃刀的想法。

这种干剃刀还需要一个足以发动小机器的小型电动马达。为了这项发明，希克用了五年的时间，并且在1923年获得发明专利权。1931年经济大萧条时期，他将所有财产抵押出去获得贷款，将剃须刀推向市场。25美元的标价虽然高了些，但他还是卖出了3000个。慢慢地，这种剃须刀开始赢利了。接着，希克将所有利润投入到广告宣传中。

到1937年的时候，他已售出200万个电动剃须刀，希克成了“电动剃须刀大王”。

可见，好创意的实现也需要坚持不懈的拼搏。有一句阿拉伯的格言：明智者将希望寄托于行动，鲁钝者将希望寄托于想象。这说明，思想固然重要，但行动往往更重要。

从前，有一位满脑子都是智慧的教授与一个文盲相邻而居。尽管地位悬殊，知识水平、性格有着天壤之别，但两人有一个共同的目标，就是尽快富裕起来。

每日里，教授跷着二郎腿，大谈特谈他的致富经，文盲在一旁认真地倾听。他很佩服教授的学识和智慧，并且开始按照教授的致富设想去实施。若干年后，文盲成了一名百万富翁，而教授还在空谈他的致富理论。

可见，行动才是最终的决定力量，无论你的计划多么详尽、完美，语言多么动听，不付诸行动，你就永远不能实现目标。在一生中，我们制订过很多计划，要是能够把所有的机会都抓住，认真完成所有的计划，那么，事业就能成功！

美国成功学家格林演讲时，曾不止一次地对听众开玩笑说，全球最大的航空速递公司——联邦快递，其实是他构想的。

格林所言非虚，他确实有过这个想法。20 世纪 60 年代，格林才起步没多久，主要业务是为美国各大公司做中介工作，因此每天都在为如何将文件在限定的时间内送往其他城市而苦恼。

当时，格林曾经想到，如果有人开办一个能够将重要文件在 24 小时之内送到任何目的地的服务，该有多好！

这个念头在他头脑里盘桓了好几年，他也常常跟人说起这个想法。可惜的是，他并未付诸实践，直到一个名叫弗雷德·史密斯（联邦快递的创始人）的家伙真正把它转换为实际行动。就这样，格林与开创事业的大好机会擦身而过。

格林用自己的故事现身说法：成功地将一个好主意付诸实践，比在家空想出 1000 个好主意要有价值得多。不行动的话，即使目标再远大也仅仅是目标，即使构想再完美也只是构想，要想把它转化成现实，一定要付诸实践。

艾柯卡就任美国克莱斯勒公司经理时，公司正处于一盘散沙的状态，他当时的职责就是动员员工来振兴公司。上任后，艾柯卡没有做任何动员和号召，而是主动把自己的年薪由100万美元降到象征性的1美元。这100万美元与1美元的差距，使艾柯卡超乎寻常的牺牲精神在员工面前闪闪发光。典范的力量是无限的，众多员工为此感动得落泪，也都像艾柯卡一般，不在乎酬劳，团结一心，自觉为公司勤奋工作。不到半年，濒临破产的克莱斯勒公司便扭亏为盈。

种种事实证明，让自己立于不败之地的最好方法就是：不卖弄口舌，以行动说话。有时候，行为要比语言重要得多，人的力量，许多时候不是从语言，而是从行为中表现出来的，明智者更是如此。

不行动，就不可能到达彼岸

行动是成功的开始，等待是失败的源头。纵使有再伟大的理想，也需要从迈步开始。如果已经有了自己的目标和梦想，那么就从现在开始行动，从今天开始，一步一步地走向成功。

要取得成功，不是靠天分，更不是靠等待，而是靠自己的实际行动。无论有怎样美好的想法，都要付诸行动。只有勇于开始，才能找到成功的路。

茱莉亚是美国一家制衣公司的员工，该公司生产的是一种样式很普通的罩袍，这些罩袍只有一种尺码，颜色也比较单调。而且，由于是成批生产，制作得极为粗糙，看上去千篇一律，并不适合人们在各种场合穿着。

于是，茱莉亚决定对罩袍进行改进，并且立即把这个想法付诸了行动。她买来了能体现个性色彩的布料，先给自己设计了一套。她在保持罩袍原有的舒适性的基础上，量体裁衣，而且还为罩袍设计了别致的花边。这种特殊的设计引起了房东太太的兴趣，她要求茱莉亚为自己也做一件。

当穿上茱莉亚为她量身定做的传统罩袍时，房东太太惊喜异常。她怎么也没想到，这种极为普通的传统服装，居然也可以做得如此适合自己的身材。

当茱莉亚把她改进公司生产的传统罩袍的想法告诉同事们时，几乎人人都惊讶得连连摇头，他们觉得所有的店面陈列的罩袍都是传统的样式，没有人想到要去改进它。

然而，茱莉亚还是决定试一试。因为她明白，如果不去实践，就永远也不知道自己的想法是否可行。幸运的是，公司的老板很欣赏她的这种做法，支持她对传统罩袍进行改进。

就这样，在这家生产传统罩袍的公司里，开始生产一件件漂亮又适合人们身材的新式罩袍，公司的生意也随之红火起来。在茱莉亚的努力下，公司还把这种独特的服装推销到很多城市，引起了人们的广泛关注。

茱莉亚成功了，因为她没有让自己的想法仅存在于脑子里，而是开始了行动，这种行动要比任何一个精妙的想法好百倍。茱莉亚的经历告诉我们，只要开始去做，就有成功的可能。不去做，则永远看不到成功的希望。

曾经，有两个朋友一起去遥远的地方寻找人生的幸福和快乐。他们一路上风餐露宿，在即将到达目的地的时候，他们遇到了一片风急浪高的大海，而海的彼岸就是幸福和快乐的天堂。关于如何渡过这片海，他们产生了分歧，一个人建议采伐附近的树木造一条木船渡过海去，另一个人则认为无论哪种办法都不可能渡得了这片海，与其自寻烦恼，不如等这片海干涸了，再轻轻松松地走过去。

于是，建议造船的人每天砍伐树木，积极地制造船只，并顺带着学会了游泳。而另一个则每天躺下休息睡觉，然后到海边观察海水干了没有。直到已经造好船的人准备扬帆出海的时候，另一个人还在讥笑他的愚蠢。

不过，造船的人并不生气，临走前只对他的朋友说了一句话："去做每一件事不一定都会成功，但不去做就一定没有机会得到成功！"

能想到等到海水干涸了再渡海，这确实是一个"伟大"的创意。可惜的是，这注定只能是一个失败的"伟大"创意而已。

结果，这片大海终究没有干涸掉，而那位造船的朋友经过一番风浪最终到达了彼岸。

在成功者看来，成功并不需要你知道多少，而是看你有没有开始做，做了多少。要把所有的计划和想法付诸行动，否则，你永远也体会不到什么是成功。

敢想也要敢做才行

只有幻想却不采取行动的人，永远不会成功，行动是实现理想的唯一途径。

有一个名叫西尔维亚的美国女孩，她的父亲是波士顿有名的整形外科医生，母亲在一家声誉很高的大学担任教授，她的家庭背景让她完全有机会轻松地实现自己的理想。她在念中学的时候，就一直想当电视节目主持人。她觉得自己具有这方面的才能，因为她与别人相处时，即使是陌生人也都愿意亲近她并和她长谈。她知道怎样从人家嘴里“掏出心里话”，她的朋友们称她是他们的“亲密的随身精神医生”。她自己常说：“只要有人愿意给我一次上电视的机会，我相信一定能成功。”

但是，她为实现这个理想做了些什么呢？其实什么也没有！她在等待奇迹出现，希望一下子就当上电视节目主持人。

西尔维亚不切实际地期待着，结果什么奇迹也没有出现。

谁也不会请一个毫无经验的人去担任电视节目主持人，而且节目的主管也没有兴趣跑到外面去搜寻天才，都是别人去找他们。

另一个名叫辛迪的女孩却实现了西尔维亚的理想，成了著名的电视节目主持人。辛迪之所以会成功，就是因为她知道“天下没有免费的午餐”，一切成功都要靠自己的努力去争取。她不像西尔维亚那样有可靠的经济来源，所以没有坐等机会出现。她白天去做工，晚上在大学的舞台艺术系上夜校。毕业之后，她开始找工作，跑遍了洛杉矶每一个广播电台和电视台。但是，每家公司给她的答复都差不多：“没有工作经验的人，我们是不会雇用的。”

但是，她不愿意退缩，也没有静待机会，而是走出去寻找机会。她仔细阅读广播电视方面的杂志，最后终于看到一则招聘广告：北达科他州有一家很小的电视台招聘一名预报天气的女孩子。

辛迪是加州人，不喜欢北方。但是，有没有阳光、是不是下雨都没有关系，她希望找到一份和电视有关的职业，干什么都行！她为了抓住这个工作机会，只身来到了北达科他州。

辛迪在那里工作了两年，最后在洛杉矶的电视台找到了一份工作。又过了 5 年，她终于得到提升，成为她期盼已久的节目主持人。

为什么西尔维亚失败了，而辛迪却如愿以偿呢？

西尔维亚那种失败者的思路和辛迪的成功者的观点正好背道而驰，分歧点就是，西尔维亚一直停留在幻想上，坐等机会，而辛迪则是采取行动，最后终于实现了理想。

成功的机会是同风险并肩而行的。很多时候，成功者之所以会成功，取决于他敢冒别人不敢冒的风险。没有风险，就没有收获。一味躲避风险，就会与成功擦肩而过。

卡耐基 16 岁那年，开始为美国西部铁路管理局局长汤姆·斯考特先生工作，做一名电报员。

一天，卡耐基收到一封加急电报："货车在阿尔图纳附近的单轨路线上被堵塞，从早上开始，已堵了 4 小时。"

这封电报是请求管理局局长斯考特处理的，可斯考特外出，不知道什么时候能回来。当时，铁路管理局有一条铁的纪律：不管遇到什么情况，只有管理局局长才有权下达对列车的调度命令，如若有人胆敢违反禁令，不问任何理由，立即革职。

卡耐基拿到这封电报之后，无论怎样也无法与斯考特联系上，他知道，多耽搁一分钟，都将给铁道公司造成严重的经济和名誉损失。责任心和使命感使他有了足够的勇气，他走进斯考特的办公室，查看了货车的配位图，立刻发现了堵塞的原因，于是提笔拟好了电文，并模仿斯考特的签名，将电报发了出去，从而使事情及时得到了解决。斯考特回来后，发现了这封几小时前发来的电报，立即拟了封电报让卡耐基发出去。卡耐基看了看电报，窘迫地说："我先前已经发了一封同样的电文了……"斯考特严厉地追问是谁签的字，卡耐基只好承认是自己冒签的。斯考特一言不发、目光冷峻地盯着他看了一会儿，竟什么也没有说。

后来，斯考特晋升为宾夕法尼亚铁路局的副董事长，卡耐基非常想随他去，可他却意味深长地对卡耐基说："你的才能远非只是做一个电报员，我已向董事长推荐你任匹兹堡管理局局长，这次扩大了匹兹堡管理局的职能，现在宾夕法尼亚地区将进入你的管辖范围。"

当时还不到24岁的卡耐基做梦也没有想到，他不但接替了斯考特的职务，而且还拥有了更大的管辖范围，年薪是1500美元，而他当初跟随斯考特的时候，年薪只有区区

35 美元。作为匹兹堡管理局局长，卡耐基能够清楚地了解全国的经济和发展方向，这为他以后成为垄断美国钢铁市场的钢铁巨头奠定了基础。

很多时候，我们因为害怕失败或是有所顾忌而不愿意去做应该做的事，白白浪费了大好时机；很多时候我们害怕赔钱而不敢投资，白白少了一大笔财富。仅仅想做是不能成功的，还得要敢做。

第三章
唯有“争分夺秒”，才能不负此生

“现在”真的很重要

冰块放在冷冻室里就不会化掉，而时间这块“冰”，任何电冰箱也无法阻止它融化。它不停地在化、在淌，越化越小。一切愿意让自己的人生实现更大价值的人，一定要抓住现在，努力让自己生命中的每一分每一秒都转化为“凝固了的时间”！子在川上曰：“逝者如斯夫！”西班牙作家塞万提斯有句名言：“时间像奔腾澎湃的急流。”因此，把握住今天，就要抓紧现在。

时间包括三个部分，“过去”是已经逝去的时间，“未来”是尚未到来的时间，“现在”是现实存在的时间。应该说，“现在”这个部分的时间最宝贵、最重要，因为“无限的‘过去’都以‘现在’为归宿，无限的‘未来’都以‘现在’为渊源”。“过去”是“现在”发展的基础，“现在”又是“未来”发展的起点，现在把握不住，将来更无从谈起。谁放弃了现在，便为葬送将来开了先例。“现在”的重要性还在于它最容易丧失，所以备感可贵。

我们每个人都要树立“今天”的观念。只要能抓住今天，就能抓住成功。有人建议爱迪生“为科学休假 10 年”，爱迪生回答说：“科学是永无一日休息的，在已过的亿万多年间，它每一分钟都在工作，并且还要如此继续工作下去。”1871 年，刚举行完婚礼，爱迪生突然想通了当时还没试验成功的自动电机问题，他悄声对新娘玛丽说：“亲爱的，我有点儿要紧的事要办，待会儿准时回来陪你吃饭。”直到午夜，他还在聚精会神地做实验，直到家人找来，爱迪生才如梦初醒。爱迪生在世 85 年，仅在美国国家专利局登记过的科学发明就有 1328 项，平均每 15 天就有一项发明。他的时间就是这样被节省出来的。

“不教一日闲过”，对于年轻人来说尤为重要。“一日工作是一日功，一日不工作十日空。”我们不能一味地感叹岁月之虚掷，年华之流逝，让宝贵的时间在蹉跎中白白流过。人生易老，时不我待。必须抓紧每一天，才能使生命之光闪耀异彩，才能在白发苍苍的时候，理直气壮地回答：我没有虚度年华。

抓“现在”，就要有紧迫感；抓“现在”，必须立足于抓分秒。对于时间，人们只能从现在去掌握它。现实的一分钟，是比想象中的10年更长的一段时间，古今中外所有事业上有所成就的人，都是积秒建功、积秒创业的人。

只要你开始逐步进行，就会发现，其实完成工作并不是十分困难的。你还会发现，逐步完成工作会带给你诸多好处，如晋升、加薪，以及各种良机。

另外，及早动手，你就会有更多的时间去处理意料不到的事情，获得更多的资料，或做其他更需要你去做的工作。假如最后期限是明天，而你又非要等到最后一分钟才动手，那么，上述那些额外工作就会使你的工作速度减慢，甚至错过最后期限。

要立刻行动，就要克服拖延。拖延是影响你抓住“现在”的最大敌人，就像你成功航线上的礁石。有的人总觉得来日方长，“现在”无足轻重，只有“将来”才会有无限风光，才能决定一切。这种观念只是在向“现在”“赊账”，终有一天，债务必须偿还。

工作是十分艰苦的劳动，需要的是勤奋，懒惰的人必然是一事无成。不经过艰苦的思维活动，知识、财富就不能成为自己的东西。中国古时候有一个文人，怕读书费脑筋，就把书烧成灰，包在饺子里吃下去，以为这样就是读书的最好方法。到应考时，他也预先请人把试卷写好，如法炮制，吃进肚里。这样做，他可真是“一肚子文章了”。所以，如果你想要立刻行动，就一定要戒懒，否则，多么好的设想、多么完美的计划，都宛如细小的泉水滚落积水深潭一样，无法再奔跃向前，所谓成功、攀高峰也只能是一句空话。

所以，我们不但要研究如何合理安排时间，提高时间效能，还要研究怎样才能不浪费时间，把计划付诸行动。

你需要有一本“时间统计册”

在日常工作中，人们往往把应该花费的时间看成了实际已经花费的时间，而这两者实际是两个不相等的量。

曾有人问一位总经理：“您今天上午做了什么，花了多少时间？”他说：“起草报告花了4小时。”其实，在这4小时中，他喝茶、抽烟花费了18分钟；中途休息了两次，花费了23分钟；与同事聊天，花费了27分钟；接3次电话，花费了5分钟。这些总共花费了73分钟，实际上真正用于起草报告的时间只有2小时47分钟。可见浪费的时间是多么惊人。对时间的使用进行统计分析，这对于每个人提高时间利用率是一件多么有必要的工作。

著名的英国生物学家唐纳吉的时间统计方法值得你去学习。唐纳吉一生声名赫赫，硕果累累，他发表了70多部学术著作，写了1.25万页的论文专著，内容涉及遗传学、科学史、昆虫学、植物保护、哲学等领域。在这些成就中，有相当一部分要归功于他那枯燥乏味的日记本——“时间统计册”。

唐纳吉每天的各项活动，包括休息、读报、写信、看戏、散步等，花费了多少时间，全部历历在案。连有人找他问话、解释问题，他也都在纸上做记号，记住花了多少时间。每写一篇文章，看一本书，写一封信，不管干什么，每道工序的时间都算得清清楚楚，其记录内容之细，令人惊讶。

例如，在1955年4月8日这一天，他这样记录道：

约克芬小镇1955年4月8日；分类昆虫学：鉴定袋蛾；

开始写袋蛾的报告——1小时50分钟；结束——2小时20分钟；

附加工作：做季度总结，1小时20分钟；路途往返——35分钟；

休息——15分钟；剃胡子——10分钟；《泰晤士报》——20分钟；

托尔斯泰的《战争与和平》66页——1小时30分钟；听广播……

基本工作合计——8小时45分钟。

从1910年元旦开始，唐纳吉每天都认真核算自己花费的时间，一天进行一次小结，每月一大结，年终一总结，直到1972年他去世那一天，62年如一日，从未间断过一天。他每天记下各种事情的起讫时间，相当准确，误差不超过5分钟。所有“毛时间”都被扣除，他注意每天“纯时间”的数量。

“工作中的任何间歇，我都要刨除。我计算的是纯时间，纯时间要比毛时间少得多。所谓纯时间，就是你花在这项工作上的时间。”唐纳吉说。

经过准确的时间统计，唐纳吉把一昼夜中的有效时间，即纯时间算成10小时，分成三个“单位”，或六个“半单位”，分别从事两类工作。第一类是创造性的科研工作，如写书、研究、做笔记等；第二类是不属于直接科研工作的其他活动，如做学术报告、讲课、开学术讨论会、看文艺作品等。除了最富有创造性的第一类工作不限时间以外，所有计算过的工作量，他都竭力按时完成。

1966年，他已经56岁了，用来处理第一类工作的时间，平均每天为5小时13分钟。他天天如此，5小时内绝没有休息或抽支烟的工夫，没有聊天谈话，没有散步，也没有听别人谈笑风生。这是真正不打折扣的5小时！

显然，如果我们按照唐纳吉的时间统计方法去做事，一定会终身受益。

很多人都有做事拖沓的习惯，本来可以随手处理的事，却非得拖几天或几周不可，几天内可以办的事，却非得拖几个月。还有的人对需要解决的问题有意识地“踢皮球”，你踢向我，我踢给你，这样导致工作效率极低。殊不知，被拖延的事务将来仍然需要做，而且需要花费更多的精力去做。

许多时间效率方面的专家认为，在相同的时间内，用相同的劳力做尽可能多的事情，最佳的方法就是立即执行。立即执行，就是凡决定自己要做的事，不管它是什么事，都要立刻动手去做，这一点至关重要。立刻动手，不仅省去了记忆、记载或从头再做的时间，而且可以去掉把一件事总记挂在心上的思想包袱。

当你的脑海中一旦出现对工作的一丝灵感时，你要马上动手记下来。无论什么事，如果心中有“再来一次”的想法，都会造成时间的浪费。诚然，有些事情是需要深思熟虑的，需要花时间考虑。但对于急事或不太重要的事，毫无疑问，立刻动手去做才是上策。

闻名世界的德国昆虫学家卡巴恩说：“我连一分钟休假的时间都没有，工作对我来说才是最幸福的事。”

卡巴恩是个惜时如金的人，少年时代就对研究昆虫有兴趣。为了更深入地研究，他倾尽心力，即使一分一秒也不浪费。因此，他最后完成了一部名著《小小的昆虫》。

通常情况下，要完成一本书是一件很不容易的事情。目前一边上班一边写小说的人越来越多。他们写小说的时间实际上很少，因此大多利用上班前的30分钟来写。这样慢慢地写下去，不久就可以完成一本书。因此，像这种30分钟的累积是很重要的。

时间“挤挤”就有了

法国著名作家巴尔扎克一生中出版了90余部作品，塑造了2000多个不同类型的人物形象，给世界文学留下了宝贵的遗产。他的创作时间表为：午夜至中午工作。换句话说，12小时都坐在圈椅里，竭力修改与创作。中午至16点校对校样，17点吃饭，17点半上床，而到半夜又起床工作。有时，手指写得麻木了，两眼也开始流泪，太阳穴还剧烈地跳动，这时他就停下来喝一杯咖啡，再继续写。有时，他一天只睡三四小时。他曾经一夜写完《卢日里的秘密》，三个通宵写好《老姑娘》，3 天写出《幻灭》的前 100 页。

有一次，他接连十几个钟头都在创作，实在坚持不下去了，就去了朋友家，一头栽倒在沙发上，请朋友一小时后叫醒他。后来因误了时间，他还大发脾气。巴尔扎克说，写作是“一种累人的战斗”，就好像向堡垒冲击的士兵，精神一刻也不能放松。一些传记作家介绍说：“隔 3 天，他的墨水瓶就必须再次装满，而且还要用掉 10 个笔头。”

与巴尔扎克一样，牛顿、居里夫人、爱因斯坦、爱迪生等都是珍惜时间的高手，是连坐车、散步、等人、理发都用于思考问题的挤时间专家。

提起“挤”时间学习，有的青少年总是摇头叹气地说：一天至少上课学习 10 小时，偶尔还有别的活动，哪一天都安排得满满当当，如何挤？

在生活节奏日益加快的当代社会，人们似乎每天都没有充裕的时间去做完想做的事，所以许多想法仅仅止于想法。但是，世界上仍有许多人用坚定的意志，每天至少挤出一小时的时间来培养自己的兴趣爱好。事实上，往往越忙碌的人越能挤出这一小时来。

格劳福特·格林瓦特，现代全球最大的化学公司——杜邦公司的总裁，每天都挤出一小时来研究蜂鸟（一种世界上最小的鸟），用专门的设备给蜂鸟拍照。权威人士把他写的关于蜂鸟的书称作自然历史丛书中的杰出作品。

休格·布莱克进入美国议会前，并未受过高等教育。他每天从忙碌的工作中挤出一小时到国会图书馆读书，其中有政治、历史、哲学和诗歌等方面的书籍，几十年如一日，即使是在议会工作最繁忙的时候，也从未间断过。后来，他成了美国最高法院的法官，这时他已是最高法院中知识最渊博的人士之一，他的博学多才使美国人民受益匪浅。

当然，要挤出这一小时并不容易，需要有决心和恒心，最主要的还是怎样想办法去获取这一小时，而且有效地对它加以利用。

威尔福莱特·康前半生奋斗了 40 年，是全世界织布业的巨头之一。尽管事务繁忙，但他仍渴望有自己的兴趣爱好。他说："过去我很想画画，但从未学过油画，我不知道自己付出的努力是否会有收获。可我最后还是决定了，哪怕做出再大的牺牲，每天都必须抽出一小时花在绘画上。"

威尔福莱特·康唯有牺牲睡眠了。为了保证这一小时内不受干扰，唯一的办法是每天清晨 5 点前就起床，一直画到吃早饭。他说："其实那并不算苦。一旦我决定每天在这一小时里学画，每天清晨这个时候，渴望和追求就会把我唤醒，怎么也不想再睡了。"

他将顶楼改成画室，几年来一直坚持早上画一小时。后来，他从时间那里得到了巨大的报酬，他的很多油画都出现在了画展上。此外，他也举办了多次个人画展，其中有几百幅画被人高价购买。他将绘画所得作为奖学金，只为鼓励那些进行艺术创作的学生。

时间永远都“买不到”

有所成就的人都是惜时如金的人。因为他们知道“时间就是金钱”。古语有云：“一寸光阴一寸金，寸金难买寸光阴！”时间是非常有限的，是一种最珍贵的资源。一个人拥有再多的金钱，也不可能买到时间，任何人也没有办法阻止时间的流逝。

富兰克林曾说过：“你热爱生命吗？那么，别浪费时间，因为时间是组成生命的材料。”

富兰克林工作的报社附近有一家书店，有一天店里来了一位男士。他犹豫了好久，终于开口问店员：“这本书多少钱？”

“1美元。”店员回答。

“1美元？”这人又问，“能不能便宜点儿？”

“它的价格就是1美元。”

这位顾客又看了一会儿，然后问道：“富兰克林先生在吗？”

“在，他在印刷室忙着呢。”

“那好，我要见见他。”这个人坚持一定要见富兰克林。

于是，富兰克林走了出来。

这个人问：“富兰克林先生，这本书你能出的最低价格是多少？”

“1 美元 25 美分。”富兰克林不假思索地回答。

“1 美元 25 美分？店员刚才还说 1 美元一本呢！”

“这没错。”富兰克林说，“但是，我情愿倒给你 1 美元，也不愿意离开我的工作。”

这位顾客颇感惊讶，他心想，算了，结束这场自己引起的谈判吧。他说：“好，这样吧，你说这本书最少要多少钱吧。”

“1 美元 50 美分。”

“又变成 1 美元 50 美分？你刚才不是还说 1 美元 25 美分吗？”

“对。”富兰克林冷冷地说，“我现在能出的最低价格就是 1 美元 50 美分。”

顾客默默地把钱放在柜台上，拿起书走了出去。

这位著名的物理学家、政治家给他上了终生难忘的一课：对于有志者，时间就是金钱。

从管理学的角度讲，对于时间这种有限的、无法再生的资源，我们首先要做到杜绝浪费。莎士比亚曾警示过我们："抛弃时间的人，时间也抛弃他。"然而，在现实生活中，浪费时间的现象却十分普遍。尤其是青少年，由于还不能体会时间的珍贵，浪费时间十分严重。一位教育专家指出："对于中学生来说，时间上的浪费是十分严重的。一边学习一边做别的事情，这本身就是浪费。"

时间都是在不经意间一点一点流逝的，而且，时间的浪费往往是不显眼的，这儿浪费 2 分钟，那儿浪费 3 分钟，加在一起就不是一个小数目了。我们可以这样计算一下：每小时都浪费 5～10 分钟，如果每天学习 10 小时，那么一天你就会浪费一两小时，一周你就将浪费整整一天的学习时间！

很多人可能根本没有注意到那些零碎的时间，因为它们看起来是那么微小，根本不值得注意。然而，这些微小的时间如果加起来，那将会是巨大的。在浪费这些碎片时间的过程中，那些善于利用时间的人就已经遥遥领先了。

让时间变多的方法

在这个世界上，有一种东西最长也最短、最快也最慢、最平凡也最珍贵、最易被忽视，也最能使人后悔。你知道这种东西是什么吗？

是时间。

一位名人这样说过：我愿意站在路边，像乞丐一样，向每一位路人乞讨他们不用的时间。如果真能乞讨来时间，相信我们都会甘做这样的“乞丐”。

不过，时间虽然乞讨不来，但只要懂得珍惜时间，合理利用时间，学会正确管理时间，我们就可以“延长”时间，得到更多的时间。这就是明人祝世禄说的：祈求长寿最好的办法是爱惜每一天的光阴。把时间比喻为直径一尺的璧玉，把一寸光阴比喻为一寸黄金，都还说明不了时间的珍贵。人如果能爱惜时间，就可以把一天变为两天，把百年变为千载。

懒惰的人把许多宝贵的时间都给浪费掉了，而勤奋的人、办事讲求效率的人、懂得科学支配时间的人，则可以把一天24小时变成25小时甚至更多。

那么，如何有效地管理时间呢？有效管理时间的第一个原则：给你的时间算出每小时值多少钱。

把你一年的收入除以1000，再除以2，差不多就是每小时的货币价值。例如你一年的收入是16000元，那你每小时的价值就是8元。如果上班时与人闲聊了15分钟，你就等于损失了2元；花半小时看了一个挺无聊的电视节目，你就等于又损失了4元……这样算算，你浪费时间就是在损失金钱。

我们常说："时间就是金钱。"仔细计算一下，你就会更具体地体会到这句话的分量，你就会开始注意不去浪费自己宝贵的时间。当然，这不是说你不需要与人聊天和休息，它们自有它们的价值。注意到时间的货币价值，将有助于你自觉地减少时间上的浪费。

给你的时间计算出每小时的价值，有助于你在做事时，将机会成本考虑进去。例如，你是花差不多3小时的时间到火车站买票，还是只花15分钟在附近的售票代办点买票？尽管后者要多付5元的代办费。再如，你是愿意花好几天的工夫把自己的手稿誊抄一遍，还是花100元钱让打字社的小姐为你把手稿打印出来？像上面这类情况，如果你对自己的时间价值心中有数的话，相信你会做出节省时间，实际上也是节省金钱的决定。

一位美国的经济学家提出这样一个问题：迈克尔·乔丹应该自己修剪草坪吗？他的观点是：乔丹应该让隔壁的小姑娘杰尼弗用 4 小时时间去修剪草坪，付给她同样时间在麦当劳打工可以挣到的 20 美元或再多一些的钱，而他自己则可以去拍广告片，两小时就可以挣到 1 万美元。有效地使用自己的时间，就是在创造财富。而要做到这一点，就请你先算算自己时间的价值是多少。

有效管理时间的第二个原则就是：制订计划。

要为自己的一天和一周制订一个计划，最好是书面计划。首先将可实现的目标的两三项主要工作安排好，可以专为它们安排“大块”的时间。要按优先顺序安排工作、分配时间，不要按照碰巧落到身上的事务去分配时间。记住，用较多的时间为一项工作做事先计划，做这项工作所用的总时间就会减少。除非有重大变故，否则不要轻易打乱自己的计划。

要养成做时间计划的习惯，最简便的一个方法，就是每天早起一会儿，利用刮胡子或穿衣的时间，从容不迫地想想当天的行动计划，这样可以让你一进办公室就马上进入状态。每天早晨做做这种计划，每星期就等于多出 5~10 个小时的时间。

如果你能在每天再抽出十来分钟的时间安静地独处一会儿，把自己的工作计划快速检视一下，看看需要做些什么补正，那么这十几分钟将会对你更好更快地完成工作产生极大的影响。

充分地利用时间，并不意味着一天 24 小时都在不停地工作和学习。长时间地工作而没有休息和调节，并不是有效地利用时间。疲惫会令人对工作产生厌烦情绪，效率就会下降。本可以两个小时做完的事，可能半天也做不完。

因此，有效管理时间的第三个原则就是：注意休息与调节。

小睡。大家都不赞成睡懒觉或每天早晨赖在床上不起来，但是，在工作或学习了很久，感到疲劳时，不妨小睡一会儿。爱因斯坦把小睡列为他一天例行事务中的一部分。爱迪生每天工作 18 个小时，他是靠小睡来保证这 18 个小时精力充沛的。英国首相丘吉尔，美国总统杜鲁门、肯尼迪，都曾用小睡帮助他们缓解工作压力。小睡与正常的睡眠并不冲突，它因人而异，有时打个盹儿就能让人神清目明。正常的睡眠能够使人体的生理机能得到充分的修复，免疫系统得到加强，但不可贪睡；而白天的小睡，则是一种既不多占时间又能有效恢复体力的休息方法。

运动。如果能有时间看电视，却没有时间去做运动，例如散步、慢跑、打球，那就太糟了。运动对人的身体健康有益，而健康意味着能精神饱满地去应对任何艰难的工作。工作效率提高了，也就是时间被有效利用了。否则，原打算在今年内完成某事，却不幸病倒住院休养，时间岂不白白消耗了？更别提遭受病痛的折磨了。

转换不同工作。为了恢复精力，松弛神经，也可以去做一些其他的工作，例如从脑力劳动转为体力劳动，也可以从坐姿改为立姿，做做工间操。

还有，尽量不要在下班后或休假日把工作带回家。下班后和休假时最重要的事就是休息和享受。要养成在上班时间完成工作任务的好习惯。假如需要加班而且可以自由选择加班时间，就提早上班也不要延迟下班。

不要认为休息是在浪费时间。记住，任何有益于健康的事，都是好的时间管理。

中篇

话不多，不该说的绝不妄言

/ 第四章 /

有些话能说，有些话不能说

什么该说，什么不该说

与人谈话时，该说的话留一点儿，不该说的不开口。因为，说出去的话如泼出去的水，无法收回。任何人都无法预测一句话会造成什么样的后果，说不定哪句不该说的话被自己说出口后，会惹来不必要的麻烦。这就要求人们在说话之前要深思熟虑，想好了再说。

刘燕在一家饭店找到了一份服务员的工作，可刚上班一天就被老板炒了鱿鱼，原因是她问了一句不该问的话。

那天，饭店里的生意特别红火。刘燕刚上班就来了三位客人。第一位客人点了一份糖醋里脊，第二位点的是宫保鸡丁，第三位点的是京酱肉丝。点完菜以后，客人又强调了一句：饭菜要干净一点儿。

不大一会儿，这三位客人点的菜就做好了。刘燕一边上菜，一边大声对客人说："你们谁要的这份干净一点儿的菜？"

这句话，让刘燕丢掉了饭碗，同时这句话也给饭店造成了很坏的影响。

在工作中，要讲究说话的方式，在与人交往时同样要注意该说的留一点儿，不该说的莫开口。要时刻把握好说话的度，尽量让说出的话委婉动听。

说话不仅要根据条件的不同，采取不同的表达方式，还要注意语言的使用，不要令人产生歧义，否则就违背了说话的初衷。

几个大学生去敬老院探望一位退休老教师，见面以后，一个大学生问道："田老师，您老的身子骨真够硬朗的，今年高寿？"

老人家高兴地说："81 岁啦。"

大学生继续说道："身体都还健康吧？在退休老教师里

面您可算得上长寿将军了。”

老人家面带微笑地说：“哪里，××年龄比我大，他已经90岁了。不过，他去年却到西方极乐世界报到去了。”

“哟，这回可轮到您了。”几个大学生异口同声道。老人家听到这里，脸色骤变，板起脸来把他们撵了出去。

原因出在“这回可轮到您了”这句话上。其实，大学生们是想说，“长寿将军”的光环该轮到您老人家头上了，可他们却没有把话说明白，使老人家误认为他们在咒自己死，结果原本是一片好意，却产生了负面的结果。

灾祸往往出于口，无论身处什么位置，也不管财富多么雄厚、势力有多强大，言语不当总会带来负面影响。所以，管不好自己的嘴，就相当于在自己身上绑了一颗不定时炸弹。

那么，怎样才能做到该说的留一点儿，不该说的莫开口呢？不妨参考以下几点：

1. 不要多嘴多舌

生活中，免不了有这样一些人：心里藏不住话，听到什么、看到什么后，不管事情真相如何，就像大喇叭一样四处传播，这种行为就是愚蠢的表现。所谓“病从口入，祸从口出”，说的就是多嘴多舌导致的后果。

有人认为："人长了一张嘴，如果不说话，不就浪费资源了吗？"当然，人长了嘴巴不用是不可能的，但是说话也要讲究分寸。处世精明的人说话时总会留有余地，做到该说的说，不该说的宁可烂在肚子里也不说。

2. 不要使语言产生歧义

说话前，必须仔细斟酌要说的话是否会产生歧义，尽量把话说得恰当、圆满，这样才能赢得别人的好感，才算把话说得恰到好处。要知道，一句容易产生歧义的话语，很可能破坏原本融洽的谈话气氛，为进一步交谈设置障碍。

3. 说话时要经过大脑

说话前一定要看场合、看时机，权衡这句话说出后的利弊。如果说话不看场合，不讲究方式方法，也不考虑后果，往往会惹出祸端或遭人嫌厌。尤其是处世尚浅的青年人，社会阅历浅、经验不足，大有一种初生牛犊不怕虎的气势，不分场合，不论时机，口无遮拦、无所顾忌。长此以往，必定会吃亏上当。

4. 不要充当长舌妇

日常生活中，因说话惹出风波的例子实在太多了。不负责任地在背后瞎说，捕风捉影、四处乱传，给许多人造成痛苦和烦恼，甚至还可能酿成大祸。

言由心生，说什么样的话、怎样说，完全要靠大脑支配，所以在管好自己的嘴之前，首先要用好大脑。在每句话出口前，必须先经过大脑筛选，造谣中伤、搬弄是非的话一定不能让它溜出口。

“一吐为快”很伤人

有句老话叫“祸从口出”，在与同事相处的过程中一定要斟酌，什么话能说，什么话不能说，都要在脑子里转几个弯，心里有个数。

口无遮拦、信口胡言，往往容易得罪同事。俗话说：“打人不打脸，骂人不揭短。”人既是最坚强的，也是最脆弱的。尤其是当一个人觉得自尊受到伤害，将要颜面扫地时，他会死要面子，死扛到底。因此，在职场中必须注意不能一味地揭他人伤疤。

报纸上曾有过一则新闻：一个女中学生，只因为有人说了她一声“胖女人”，羞愧至极，绝食身亡。

生活中也有这样的例子：

有一次，几个年轻人在一起聊天，偶然谈及黑痣的话题，其中一个平素最活跃的青年突然沉默。后来才知道，这个青年腿上有一颗大黑痣。

有人偏偏口下无德，爱揭人短处：

“你的胸脯真像卡西欧电子计算机。”

“怎么啦?”

“超薄型!”

真是够缺德、够损人的。然而更重要的是，这仅仅是伤害了别人吗？要知道揭短是一把双刃剑，伤人的同时也伤己。爱揭短的人，时时处处注意他人的短处，拿来取笑，可也要小心自己有把柄被别人抓住。这种既伤他人，自己也不见得好过多少的话，还是少说为妙。

有些人是因为考虑不周，无意间冒犯了他人。

“老王，你太辛苦了，白发如云!”

“老刘，你秃顶了!”

对年轻女同事：“小李呀，你最近可发福了!”

要时刻提醒自己这类话少说为妙。

摩洛哥有句俗语：“言语给人的伤害往往胜于刀伤。”

这是实情。同事之间，为搞好关系，请不要揭人短处。

有的人直率惯了，喜欢“一吐为快”，无意间揭了别人的短儿，刺伤了别人，也孤立了自己。

一天，在公司的集会上，张先生看到一位女同事穿了一件紧身的新装，与她的胖身材很不相称。张先生便直言直语道：“说实话，你的这件衣服虽然很漂亮，但穿在你身上就像给水桶包上了艳丽的布，因为你实在太胖了！”

女同事瞪了张先生一眼，生气地走开了，从此再也没有理过他。

在办公室里，直言直语是一个人致命的弱点，因为喜欢直言直语的人常常只看到现象或问题，也只考虑到自己的“不吐不快”，并没有考虑旁人的立场、观点、性格和感受。

直言直语不论是对人还是对事，都会让人无法接受，会严重影响人际关系，同事们会疏远你，免得一不小心被你的直言直语灼伤。

说话要过脑子

三国时期的祢衡很有文采，也很有名气，但是，他恃才傲物，从不把别人放在眼里。祢衡最初经人推荐，去见曹操与刘表。因一身骄傲之气，口不择言，多次奚落、怠慢曹操和刘表，终为二者所不容。

后来又投到江夏太守黄祖门下。来到黄祖门下后，祢衡骄傲之气仍不收敛。有一次，在一条船上，祢衡又当众辱骂黄祖，说黄祖“就像庙宇里的神灵，尽管受大家的祭拜，可是一点儿也不灵验”。黄祖下不了台，一怒之下，把祢衡杀了。

祢衡死时不到 30 岁。曹操知道后，说：“迂腐的儒士摇唇鼓舌，自己招来杀身之祸。”

祢衡本希望在曹操、刘表麾下谋得一职，可是他出言不逊，错过了被重用的机会。后来在黄祖门下，仍不知悔改。因口不择言，祢衡不仅断送了前程，还丢了性命。可见，口不择言的危害之大。

在说话之前先动脑，思考之后再开口，把话既可说透，又能让对方感觉到你的善意与友好。

张雨是一家公司的中级职员，他心地善良，工作能力也有目共睹，可就是一直升不了职。与他同年龄、同时进公司的同事，不是成了他的顶头上司，就是外派独当一面，这让张雨非常郁闷。有一天，他向朋友诉说了他目前的情况。朋友听后对他说："如果有原因的话，那就是你口不择言的过错。你自己想一下，你在单位虽然工作业绩不错，也乐于助人，但你的朋友多吗？还不是我们这些了解你的老同学做你的朋友？"

张雨仔细想了一下，的确如此，虽然自己是公司公认的好人，可在整个公司里却没有一个知心朋友，都是泛泛之交。再想想平时说过的话，张雨真是倒吸了一口凉气。原以为自己的直率是个优点，可在不知不觉中却得罪了很多人，难怪同事们总是有意回避自己，也难怪自己一直不得重用。

生活中，很多人有着和张雨一样的"毛病"，结果只能让自己吃亏。口不择言的人，往往因为说话欠考虑最容易得罪人，有时候还容易成为别人利用的对象。可以想象，这样的人在团队中的成就是不会很高的。

美国著名政治家富兰克林曾经说过：“失足可以很快弥补，失言却可能永远无法补救。”生活中，凡是口不择言、脱口而出的话，常常会让我们事后后悔不已。因此，要先动脑再动口，在说话之前一定要把握好分寸。

说话最好不要带攻击性

有一些能言善辩的人，为了显示自己的口才有多么了得，在和他人交谈时，常常尖酸刻薄、咄咄逼人，争强好胜，丝毫不懂得人际关系是需要维护的。卡耐基曾说：“你可能赢了辩论，可是你却输了人缘。”任何咄咄逼人的话语都是带有攻击性的，会让对方感觉不舒服，影响了正常的开放式交流，并且易引发不必要的争吵。

公共汽车上人很多，一个年轻小伙子不小心踩到了一位老大爷的脚。小伙子赶忙说：“我没注意，对不起。”老大爷脾气不好，张口就说：“这么大一个小伙子，眼神不好啊，欺负我这么大岁数的人干吗？”

老大爷的话让小伙子十分反感，抱歉变成了反击：“不小心踩了就踩了，可我什么时候欺负您了啊？”

老大爷更不高兴了，说：“得得得，现在的年轻人都不学好。我看你那样儿，监狱里刚放出来的吧？”

这下小伙子可火了：“你这人怎么说话呢？”说完就要往前冲。其他乘客连忙劝阻，好不容易才让他俩消了气儿。

老大爷的说法就是典型的得理不饶人，本来只是小事一桩，可是为这么一点儿小事斤斤计较，导致矛盾激化。

别人犯了错，也许他自己已经意识到了，对所犯的错误多少有了负罪感。如果不分场合、对象，对其一味地谴责，会让对方十分难堪。得饶人处且饶人，对那些已经有了内疚之意的人应该学会同情和理解，学会宽容和礼让。

人与人相处，发生争吵在所难免，朋友、家人之间也不例外。对此，一旦有了纷争，即使认为自己这一方有理，也应避免过分地数落和指责。

俗话说：“饶人不是痴汉。”当双方有了矛盾，在已经发生争执的情况下，占理得势的一方应当有“得饶人处且饶人”的风范，不要把对方逼到绝路上，那样只能激化矛盾，甚至给双方的关系画上终止符。“饶人”也要讲究语言艺术，要力求维护双方的面子和尊严，要选择恰当的语言方式和内容。学会利用幽默、巧搭台阶、诚恳解释、提出难题、以柔克刚等方式。

做人留一线，日后好相见。不仅给对方留有面子，也给自己留条退路。你今天得理不饶人，焉知他日你们二人不会狭路相逢？若那时他有理你无理，吃亏的可就是你了。所以说，得饶人处且饶人。

幽默要适度，更要得体

在与人交往的过程中，适当、不失大雅地幽默一下，可以帮助别人减压，活跃当时的气氛，有利于营造和谐的氛围，这也是人们都喜欢跟幽默的人在一起的原因。但是，不能掌握好幽默分寸的话，就会适得其反，还会伤害你跟别人的感情。

幽默口才应该适当地运用，不能任意地挥霍。在运用幽默的口才时，应注意以下的几个问题。

1. 内容要高雅

幽默的艺术取决于说话人的思想情趣与文化修养。优雅的、健康的笑料，不仅会带来精神上的享受，同时也塑造了自己的良好形象。在一次音乐会上，著名的钢琴家波奇上场演奏时发现，前来听他音乐会的人不到全场座位的一半。他幽默地说："我亲爱的朋友们，你们真有钱，一个人买了两三个座位。"全场的听众都大笑不止，波奇机智的语言赢得了更多的掌声。

2. 态度要友善

开玩笑时，应该保持友善的态度。开玩笑是情感交流和传递的桥梁，幽默绝不是让你挖苦和嘲笑别人，更不是让你向他人发泄自己内心的厌恶和不满。也许你会因为你的口齿伶俐暂时占到了上风，但这会引起别人对你的不满，不愿跟你交往，心里也不会尊重你。

3. 行为要适度

开玩笑不仅可以借助语言，还可以借助一些肢体动作。有这样一个小故事，有一对恩爱的小夫妻，每天都开着不同的玩笑。有一次，丈夫拿着鸟枪对准妻子说："不许动，如果你敢动的话，我就一枪打死你！"他的妻子真的动了一下，丈夫立刻扣动了扳机。结果，他的妻子竟然在他开玩笑时失去了生命。可想而知，我们在开玩笑时，行为一定要适度。

4. 对象要分清

开玩笑时也要分清对象，有些玩笑可以对甲开，但不能对乙开。这是因为人的心情、性格各不相同，对同样的玩笑也有不同的承受力。

在跟性格外向的人相处时，要用宽容忍耐的态度，玩笑开得过分些你也会得到他的原谅。在跟性格内向的人相处时，他们喜欢琢磨你说过的话，因此应该少与这样的人开玩笑。开玩笑也要视情况而论，当生性活泼的人遇到了不如意的事时，开玩笑也应该慎重。而在性格内向的人遇到好事时跟他开玩笑，也许就会达到出乎意料的好效果。

此外，在开玩笑时还应该注意：

(1) 跟长辈或晚辈在一起时，语言不能轻佻放肆，更不能谈论男女之事。在几辈同堂时，应该开一些高雅、机智的玩笑，这样可以营造一个快乐的氛围，使得每个人都感到身心愉悦。忌谈论男女之事，假如有人谈论，自己最好不要参与其中。

（2）在跟异性单独相处时（夫妻关系除外），开玩笑应慎重。在与其交往时应保持适当的距离，不要过分谨慎，也不应放肆，这样才不会引起其他人的反感和非议。

（3）在跟残疾人交往时，要特别慎重。我们这些正常人都怕别人揭自己的短，更别说残疾人了。中国有句老话说得好："不要当着和尚的面骂秃子，癞子面前不谈灯泡。"

（4）朋友之间谈话时，不宜开过分的玩笑。在别人交谈时，你打断人家的谈话，与之开玩笑，这样不但打断了他们的共同话题，还破坏了和谐融洽的气氛。

不可贸然插嘴

说话做事讲究一气呵成，最忌讳中断。本来灵感突现，该圆满完成的事，却由于某些原因而中断，从而带来一些遗憾。假如这件事不怎么重要，还可以原谅自己的过失；但假如它是人命关天的事，那么自己就难逃其责了。因此在与人交谈时，为了避免发生不愉快，一定不能贸然插嘴造成对方说话中断。

在与他人的谈话过程中，有一些事是坚决不能做的。比如让对方快点说；或者一边心不在焉地听，一边不在意地瞎写着；或者怀疑对方的讲话，批评对方的观点；或者根本不理会对方说的话，妄下结论；或者在对方说话时总是打断等。这一系列行为，很容易造成对方无法继续说下去。在对方看来，你的行为代表了你对他的不尊重。

如果在与他人谈话的时候，你总是打断对方，那么必然会引起对方的不满，让对方产生抵触情绪。

“插嘴”的负面影响非常明显。“插嘴”是一种自发性的毛病，是一种不礼貌的表现。人的讲话，基本上是按照自己的想法先后表达出来的。各种各样的观点，心里怎么考虑的，嘴巴就怎么说。

然而，这个事实对于作为听者的你来说，却是不得不考虑的问题。因为你必须按照对方的思路，把他的观点理顺，才能明白对方究竟想表达什么。有时，要耐心地听才能听明白其中的一部分，有时，还得思考对方言语中的正确度。如果在倾听的过程中，表现出不认真、不耐烦，会影响双方的人际关系。

不懂这个道理的人，总是无所顾忌地打断对方。在他人讲话时突然发问，打断对方的思路，不让对方往下说，强迫别人按照他提问的方向来说。这种行为不仅分散了讲话者的注意力，而且影响了讲话者的心情。

另外，要想有个好口才，在说话时要注意以下几个细节：

（1）不要贸然插嘴，不要在别人侃侃而谈的时候打断对方。虽然你的出发点可能是好的，但也要考虑对方的心情。比如一起吃饭或约会时，你总是贸然插嘴，是不会有好效果的。

（2）不要过分在乎无伤大雅的玩笑话。有一次，一位经理上班迟到，他开玩笑说迟到是因为昨晚有一只大蟑螂跑进了他家。于是大伙哈哈大笑，而他也非常得意，认为自己的笑话应用得非常巧妙。

有的人就是这样，面对这种无伤大雅的玩笑话，大家笑笑就过去了，过分计较只会让所有人感到难堪。

（3）避免问一些含义模糊的问题。这类问题主要包括“要怎么对付贫穷”，或“现在的年轻人到底是怎么回事”等。这些问题会让人不能解答。如果你缩小问题的范围，别人就可以帮你解答了。

（4）不要贸然进入别人的机密谈话。这样的谈话有其明显特征可以观察到，比如谈话双方都靠得非常近，对任何走过身旁的人都非常警觉等。如果你无意间闯入了这样的谈话，应该立刻表示抱歉并离开。

（5）知道要避免哪些话题。为了避免尴尬的产生，最好不要涉及某些敏感话题。比如一些个人问题：你前妻如何不讲理，你女儿病情怎样，等等。一般来说，这种问题都属于个人隐私。当然，有些人乐于谈论这类话题，不过还是应该谨慎一些，时刻提醒自己不要掉入对方的圈套。

（6）若没有兴趣就不要提问题。如果这样做，对方立刻就会明白你是没话找话。比如："你不是很爱看电影吗？告诉我最近又看了些什么电影？"这些问题会让对方觉得你有些愚蠢。

（7）避免说些不言自明的话。如果你说："时代真的变了。"对方可能无法回应你，这并不表示你的话复杂难懂，而恰好相反。对于这种众所周知的事情，每个人都不知道如何回应。

（8）不懂的时候就保持沉默。如果某个人在你面前大谈微积分，那么你不必指望他在半小时内给你指点迷津。你可以继续听下去从而学到更多东西，也可以悄悄走开。

另外，不要假装对你不懂的问题充满兴趣。

（9）在意识到说错话后找寻补救之道。有的人在这方面非常擅长，比如说杰克，他讲话有时不过脑子，结果大家听完都默不作声。知道自己说错话了，他也有解救方法，那就是说："嘿嘿！我刚才说的的确不太高明，但它至少给你们带来了一点儿乐趣。"如果这还不奏效，你只有先沉默，然后再重新找一个合适的话题。

第五章
说话也讲究“方圆”，要算计着说

说话圆融好办事

说话办事讲究能方能圆。

“方”，是指一个人做事要有自己的主张和原则；“圆”，是指一个人说话处世要圆滑世故、八面玲珑。为人过于方正，棱角分明，不懂圆融变通，必将碰得头破血流。同样，一个人如果圆滑透顶，只想自己占便宜，必将众叛亲离，成为孤家寡人。所以，说话办事只有能方能圆，才能左右逢源。

有这样一个例子：在一次集体活动中，当大家风尘仆仆地赶到事先预定的旅馆时，才发现因为旅馆员工的工作失误，原来订好的套房（有单独浴室）中竟没有热水。为了这件事，领队约见了旅馆经理。经理却说，这事儿他也没办法，锅炉工回家去了，大家可以到集体浴室洗澡。

在这种情况下，领队是这样维护自己的权益的。“我们大家可以到集体浴室去洗澡，不过话要讲清，套房一人 50 元一晚，是有单独浴室的。现在到集体浴室洗澡，那就等于降低到通铺水平，我们只能按照通铺标准，一人降到 15 元付费了。”

“那不行，那是不可能的！”

“那你们只有供应套房浴室的热水，我们才能按事先约定好的付费。”

“我没有办法。”

“您有办法！”

“你说有什么办法？”

“您有两个办法，一是把失职的锅炉工召回来，二是您可以给每个房间拎两桶热水。当然，我会配合您劝大家耐心等待。”这次交涉的结果是，经理派人找回了锅炉工。40 分钟后，每间套房的浴室都有了热水。

说话的时候加一些善意的威胁能增加说服力，但是，态度一定要友善，要讲清后果，说明道理。另外，威胁的程度不能过分，否则会弄巧成拙。

如果你的条件比较苛刻，要想使对方就范，不妨看看下面这个例子。

某精密机械加工厂因为生产某项新产品，将其中的部分零件委托某小工厂制造。当小工厂拿着零件的半成品请示总厂时，却被告知不符合要求，由于交工期限临近，总厂负责人只得让他们尽快重新制造。但小厂却坚持认为他们完全是按总厂的规格做的，不应该重新制造，双方因此僵持了许久。

总厂的厂长问清原委后，对小厂负责人说："原来是这么回事，我想这件事完全是由于公司方面设计不周所致，令你们也吃了亏，实在是抱歉。其实世上有许多事物只有做到某一程度才能够完全理解，今天幸好有你们的帮忙，才让我们发现竟有这样的缺点存在。只是事到如今，事情总是要完成的，你们不妨将它制造得更完美一点儿，这样对你我双方都是有好处的。所以，还是得麻烦你们多下一点儿功夫！"小厂负责人听完，竟然回答说："既然你这么说，那我们就回去试试好了！"

由于总厂的错误，使小工厂生产的半成品不能用，现在又要求他们重做，实际上是很无理的要求。总厂长一席话，却让小厂负责人欣然接受，是因为他站在对方的立场，肯定了对方付出的努力。

“幸好有你们的帮忙，才让我们发现竟有这样的缺点存在。”“你们不妨将它制造得更完美一点儿。”对方听后，不至于有前功尽弃的感觉，才会欣然接受苛刻的要求。

美国著名政治家帕金斯 30 岁那年就任芝加哥大学校长，有人质疑他，是否具备胜任大学校长职位的能力。他知道后只说了一句：“一个 30 岁的人所知道的是那么少，需要依赖他的助手兼代理校长的地方是那么多。”就这么短短一句话，使那些原来怀疑他的人一下子就放心了。

人们遇到这样的情况，通常喜欢尽量表现出自己比别人强，或者努力地证明自己是有特殊才干的人，然而一个真正有能力的领导是不会自吹自擂的，所谓“自谦则人必服，自夸则人必疑”就是这个道理。学会谦虚圆融地说话，更能赢得别人的信任。

言多必失，能少说就少说

“宁可把嘴巴闭起来，使人怀疑你是浅薄，也不要一开口就让人证实你的浅薄。”这是一句值得大家牢记的名言。有学问的人一般不乱讲话，只有那些胸无点墨又爱慕虚荣的人才喜欢信口开河，大发言论。

所以我们在研究说话艺术时，首先要学会“少说话”。

当然，现实生活中，只能“少说”，不可能完全不说，如果完全不说，那么我们的嘴巴岂不是少了一项重要的作用——语言表达。其实，我们所说的口才艺术就在于，既要说话，又要说得又少又好。

美国艺术家安迪渥荷曾对他的朋友说：“我学会闭上嘴巴后，获得了更多的威望和影响力。”

我们应谨记“言多必失”这一道理，说得越多，说出蠢话或危险话的概率就越大。

科里奥拉努斯是古罗马时代一名战功赫赫的英雄，被世人誉为“战神”。公元前454年，科里奥拉努斯决定角逐国家最高层的执政官。在发表第一次演说时，科里奥拉努斯以自己十多年来为罗马战争留下来的无数伤疤作为开场白。那些伤疤证明了他的勇敢和爱国，人们深受感动，一致认为他应该当选。

然而，科里奥拉努斯在他的第二次演说中不但大肆吹嘘自己的战功，傲慢地宣称自己注定会当选，还无理地指责对手，甚至说了一些讨好贵族的无聊笑话。人们对他很失望，纷纷改变了投票意向。

科里奥拉努斯最终落选。落选之后，他满怀怨愤地重返战场，发誓要报复那些投票反对他的平民。

时隔不久，元老院针对一批运抵罗马的物品是否免费发放给百姓这个议题展开了讨论。参加这次讨论的科里奥拉努斯先是极力反对给百姓发放粮食，接着又谴责民主的要领，倡议取消平民代表（即护民官），将统治权交还给贵族。

科里奥拉努斯的这些言论激怒了平民。人们成群结队地赶到元老院，强烈要求科里奥拉努斯公开道歉，否则不允许他重返战场。

科里奥拉努斯迫于压力，出现在民众面前。一开始，他的言辞还比较柔和，然而没过多久，就又变得粗鲁起来，甚至口出恶言，侮辱百姓。他说得越多，百姓就越愤怒，他们大声抗议，强烈要求严厉惩处科里奥拉努斯，护民官商议判处他死刑。后来，在贵族的干预下，他被判终生放逐。人们得知这一消息后，纷纷走上街头欢呼庆祝。

一个战功卓著的大英雄最终落到了这步田地，实在让人感到遗憾。然而这一切是别人造成的吗？不，这是他咎由自取，这是他的傲慢和多言带来的恶果。

如果科里奥拉努斯不那么多言，他早已经当上了执政官；如果他不是那么多言，也就不会让老百姓对他心怀不满，以致民众强烈要求要对其进行严惩。是科里奥拉努斯“一口”造成了自己的悲剧，他无法控制自己的言论，导致了他的落寞结局。

因此，我们要记住这样一个原则：无论在什么场合，我们都要尽可能地保持低调，尽量少说话。如果非说不可，那么，你也一定要注意所表达的内容、措辞、声调和姿势，要说得恰当得体。

莫说将自己逼进死胡同的话

《菜根谭》中有言：“人情反复，世路崎岖。行不去处，须知退一步之法；行得去处，务加让三分之功。路径窄处，留一步与人行；滋味浓时，减三分让人尝。”这的确是一种不错的低调者处世之道。处世让一步为高，退步即进步的张本；待人宽一分是福，利人实是利己的根本。在日常生活中，低调者往往不将话说得太满，一来别人听了会接受不了，二来还会让自己失去尊严；低调者往往不将事情做得太绝，使自己再也没有回旋的余地。这些都是低调者为人处世的方法。

在与人交往的过程中，有些人为了表现自己，往往趾高气扬、盛气凌人地说一些把自己逼进死胡同的话，这反而将自己逼进了进退两难的窘迫境地，这就有了著名的“他亲吻驴屁股”的故事。

查尔斯·巴克利是 NBA 的前著名球星，但是更让他出名的却是他的“大嘴”。在巴克利未退役时，他的“大嘴”就已经闻名全联盟了，巴克利的“臭口”得罪过的人可谓不计其数。他更在退役之后，凭借这一项“本领”出来混饭吃：在 TNT 电视台担任 NBA 节目的评述员。谁也没有想到，巴克利的臭嘴居然会令他自己在全美国人民面前出了一次大丑，而这次事件的另一个主角是姚明。

事情的起因是这样的，巴克利对姚明这位外籍选秀状元很是看不顺眼。当姚明在赛季初的比赛中发挥失利后，巴克利更是认为有理可恃。在休斯敦火箭主场迎战金州勇士的比赛开始前，巴克利在节目中扬言，要是姚明能在比赛中拿到 19 分以上，他将亲吻姚明的屁股。

可惜的是，姚明在那场比赛中只得到 3 分。于是，巴克利更加狂妄了。在节目中他再次扬言，只要姚明能在本赛季余下的任何一场比赛中拿到 19 分以上，他将亲吻他的评述员搭档、前火箭队球星肯尼·史密斯的屁股。

结果，巴克利这次打了自己的嘴巴。仅仅一个星期后，在火箭队对洛杉矶湖人队的比赛中，姚明一举拿下了 20 分。这下，一向对姚明欣赏有加的史密斯逼着巴克利履行诺言。令巴克利尴尬的是，史密斯不愿意巴克利亲吻自己的屁股，他牵来一头驴作为自己的替代品，并逼巴克利在驴屁股上兑现自己的承诺。

不过，巴克利在这种尴尬的时刻倒显示出自己诚实的一面，他履行了自己的诺言。在另一次全美直播的电视节目中，巴克利俯下身子，亲吻了一头驴的屁股。像巴克利这样话多的人，通常为了表现自己在某些方面的高水平，往往爱用一些夸张的言辞，这样反而给自己平添了不必要的麻烦。低调者说话会分轻重，只说三分话。或许人们认为这样的人很狡猾，不能深交。其实不然，每个人说话时都要看对方是什么人，如果认为不可深交，三分话已经算多了。

说话要考虑三个因素：人、时、地。如果不是其人就不必说了；虽然得其人但没有得其时，也不必说；即使得其人，也得其时，但却没有得其地，那也不必说。喜欢把话说满的人，通常喜欢一吐为快，不考虑说出去的话会带来什么样的结果，所以很容易被别人抓住把柄。

有一个年轻人想在大科学家爱迪生的实验室里谋得一个职位，恰巧这时候爱迪生也需要一个得力的助手，就给了他一次机会，爱迪生亲自接待了他。年轻人向爱迪生表明了来意，同时，还表达了自己的雄心壮志，他说："我一定会发明出一种万能溶液，它可以溶化一切物品。"爱迪生听完以后，便问他："那么你想用什么器皿来装这种溶液呢?"那个年轻人顿时无言以对，面试的结果可想而知。

这个年轻人正是把话说得太满了，以致自身陷入自相矛盾的境地。如果把“一切”换为“大部分”，他便不会如此窘迫了。

把话说得太满了，就像往杯子里倒满了水，再也不能滴进去一滴，执意再滴的话水就溢出来。凡事总会有意外使事情发生变化，而这些意外并不是人能预料的。所以，话不要说得太满就是为了容纳这个“意外”，以便自己可以从容地转身。低调者最明智之处，并不是“狭路相逢勇者胜”，而是留一步于人于己。

巧妙表达不同意见

因为每个人所处的地位不同，对同一件事的理解也各不相同，因此不可避免地会产生不同的意见。当意见有分歧时，如何表达自己的观点就成了需要重视的问题。不要强迫他人接受你的意见，而是应该巧妙地表达出来。

在生活中，有许多人会无意识地与别人作对，无论对方说什么，哪怕他没什么确切的理由，也要加以反驳。你如果说“是”，他就会说“否”；你如果说“否”，他就非要说“是”。这是一种让人十分厌恶的行为，而且这样的人还不少，他们常常因为喜欢反驳别人而得罪了许多同事和朋友，但自己对此还丝毫不觉。

当然，我们也不能因为害怕引起别人的反感而隐藏自己的真实见解。若我们与人交谈时，只知道随声附和，没有一点儿自己的观点，也许第一次相交能给人一个好的印象，但时间长了，就会被人认为是狡猾，不可信。那种只知道随声附和而毫无观点的人，只会遭到别人的鄙视。

那么，如何做才能既真诚地表达自己的看法又不得罪别人呢？首先，我们应该明白，得罪人的可能不是因为我们的意见，而是我们提意见时的态度。若我们认真地观察就会发现，只要运用恰当的方法，就能巧妙地表达自己的见解，这样不但得罪不了别人，甚至还会得到别人的认同。相反，若在表达不同意见时，总认为自己的想法一点儿错都没有，而别人的意见都是毫无价值时，就会伤害到别人。

有的人喜欢争吵，一和别人说话就针锋相对，不管别人说什么，他总要提出反对意见，这是一种非常不好的习惯。这种方式一点儿余地和面子也没给对方留，好像要把对方逼到绝路才心满意足。即使你真的比别人强，理由比别人充分，也应该选择一种恰当的方法去和别人说。

这种不良习惯会影响你在朋友中的形象，导致没有人愿意给你提建议和意见，更不敢向你表达自己的想法。也许你原本是一个很好的人，但若不幸染上了这种习惯，周围的人就会渐渐离你而去。

若想改变这种局面，就要学会尊重别人。首先你要明白，你的意见不一定是完美无缺的，而别人的意见也并不是一点儿可取之处都没有。将双方的意见综合起来考虑，若双方都有自己的理由，那你也不必总是反驳别人。别人和你谈话，并不是想请你说教，大家只是讨论而已。你若非要拿出更好的意见，也要看对方是否愿意接受。

恰当的做法是，当你的朋友向你提出建议时，若你不能马上表示赞同，也应该仔细考虑一下，不要急于反对。假如你的同事和你聊天，那你更加要注意，因为过于顽固可能使原本有趣的交谈变得尴尬。

因此，你一定要谦逊一些，尊重别人的意见，不要做一个执拗的人，而要做一个易于相处的人。

若你听到别人的意见和你一致时，要立刻表示赞同，不要因为怕别人认为你是随声附和而沉默不语。不说话虽然不会被人认为是随声附和，但却容易让别人认为你是不同意。同理，若听到别人的意见和你不一致时，也应该马上弄明白对方什么地方不满意、为什么不满意等，不要担心伤害彼此之间的感情。

与人交流，通常都是同一个目的，就是想知道别人是否和自己的观点相同。若双方意见一致，你就会感到安慰，并产生一种自信；若发现双方的想法有差异，你就会感觉这是一种刺激。

我们经常看到一些人因为表达出不一样的观点而得罪了朋友，所以，很多人在与他人意见不一样时就会隐藏自己的观点。其实，这种做法是不正确的，而且也有一些虚伪。无论一个人多么爱面子，除了特别不可理喻的人以外，几乎所有人都喜欢自己的朋友对自己是真诚相待。如果你认识一个人，对他说的每一句话都表示赞同，不发表一点意见，也许初次见面他很喜欢你，但是，过不了多久他就会认清你的真面目。

无论双方的意见有多大的差异，只要你用恰当的态度来表达就可以。我们要表现出凡事都可以商量的态度，并且要告诉对方，不管分歧有多大，大家都可以通过谈论取得一个完美的结果。

巧用模糊语言

在公关语言中，巧妙地运用模糊语言可以得到意想不到的效果。办事需要含义模糊的词语，这听起来似乎很难理解。但是，如果我们通过约定的方法完全把词语的模糊含义消除的时候，我们的语言会变得十分贫乏，它的表达作用就会受到限制。

举个例子。有个老板在给员工做报告时说："我们公司里很大一部分的青年是好学、积极进取的。"这里的"很大一部分"是一个含义模糊的词语，是主观对客观的一种认识，而这种认识总是带有一定程度的模糊性。平时，你要求别人到某个地方寻找一个原先并没有见过面的人，你只需要用含义模糊的语言形容那个人"个子很矮、胖胖的、高鼻梁、大嘴巴"，便不难找到了。如果你详细地说出他的身高、腰围、脸部轮廓，他想找到这个人就不容易了。因此，我们在说话办事时至少要摒弃这样一种观念："较准确"总是较好的。

1. **宽泛式含糊法**

这种方法是用含义宽泛、具有一定弹性的语言来传达主要的信息。

钱锺书先生是个淡泊名利的人。他居家耕读，最怕别人关注自己，更不愿在媒体面前抛头露面。他的名作《围城》再版之后，被拍成了电视剧，受到国内外的广泛关注。不少新闻报社的记者都想采访他，但都被钱老婉拒了。一天，一位英国女士费尽周折终于打通了钱老家的电话，她诚恳地希望自己可以登门拜访钱老。钱老婉言谢绝，但一点儿效果都没有，他只好对那位女士说："假如你吃了一枚鸡蛋，觉得不错，何必要认识那只下蛋的母鸡呢？"英国女士只得放弃了这次拜访。

钱老的回话虽是借喻，但表达效果却十分明显，可以说是"一石三鸟"：第一，语义宽泛、具有一定弹性的模糊语言，能够让听话人自己考虑；第二，在与英国女士的交际中，不能直接将其拒绝，采用含蓄模糊的语言，显得更加有礼貌；第三，更反映了钱先生自比"母鸡"的谦逊。一言既出，不仅无懈可击，又能把自己的意思表达明白，显示出了钱老的德行与大家风范。

2. 回避式含糊法

这种方法是根据特定场合的需要，灵活地避开确指性话题。

若是参与涉外接待活动，在外宾提出“难点”问题的时候，就可以采用这种方法。

用含糊语言“很多时候”比用较为精确的数字效果好。即使在严肃的对外关系中，也可以运用含义模糊的词语，如“由于某些原因”“不受欢迎的”等。究竟原因是什么、为何不受欢迎，其具体的内容都有一定的模糊性。

巧言可化窘境

我们天天都在说话，但是，有的人说起话来娓娓动听，使人听了全身的筋骨都感觉到爽利；有的人说起话来锋芒尽显，像一柄利刃，令人感觉非常不舒服；有的人说起话来，一开口就令人厌恶。

说话不是一件容易的事。我们每天都在说话，但并不见得个个都会说话。话说得好，小则带来欢乐，大则可能兴国；话说得不好，小则容易招怨，大则可能丧身。

李莲英，是清朝的大太监。他为人机灵，无论身处什么样的场合，面对什么样的人物，他都能应付自如，因此深得“老佛爷”慈禧的喜爱。同时，李莲英也常常帮慈禧打圆场，摆脱困境。

慈禧爱看京戏，所以不断有戏班子进宫专门给她演出。慈禧喜怒无常，所以这些演员都提心吊胆。演得好了，慈禧开心了，便赏赐他们一些小玩意儿，以示皇恩浩荡；演得不合她的心意，他们时刻都有掉脑袋的危险。

一次，著名的京戏演员杨小楼率领他的戏班进宫给慈禧演出。这天，慈禧心情格外的好，看完戏后，把杨小楼召到跟前，指着满桌子的糕点说：“这些都赏赐给你，带回去吧!”哪有赏赐糕点的！何况慈禧这人极为奢侈浪费，她一顿饭能吃两百多道菜，可想而知那些糕点也绝不会少。杨小楼心想：这么多糕点，我怎么带回去呀？

于是，他叩头谢恩道：“叩谢老佛爷，只是这些尊贵之物，奴才不敢领，请……另外恩赐……”

这话把周围的宫女、太监们都吓晕了，按慈禧的脾气，赏赐你的东西你不要，还敢要求另外的赏赐，这不是自己找死吗？出人意料，这天太阳从西边出来了，慈禧心情特别好，并没有发脾气，只是问了一句：“那你要什么？”

杨小楼又叩头接着道：“老佛爷洪福齐天，不知可否赐个字给奴才？”

慈禧听了，一时高兴，也想给大家露一手，便让太监笔墨纸砚伺候。只见她大笔一挥，一个硕大的“福”字就写成了。

让人万万没想到的是，慈禧竟然把“福”字多写了一点。慈禧身旁的一名宫女眼尖嘴快，马上告诉了慈禧：“老佛爷，福字是‘示’字旁，不是‘衣’字旁呀！”

杨小楼一看，确实是错了。这可怎么办？若是拿回去遭人议论，一旦传到慈禧耳中，不知又有多少人要蒙受不白之冤。不拿吧，慈禧动怒，自己不会有好下场。要也不是，不要也不是，他一时急得头上直冒冷汗。

现场气氛一下子变得紧张起来。慈禧也觉得为难，确实是自己写错了，不想让杨小楼拿出去丢人现眼，但自己也无法开口要回来重新写。

站在旁边的李莲英这时候眼珠子一转，不慌不忙地走向前，笑呵呵地说：“老佛爷洪福齐天，她老人家的‘福’自然要比世人的多一‘点’了，要不怎么显示出她老人家的高贵呢？”

杨小楼一听马上会意，连忙叩首道：“老佛爷这万人之上之福，小人怎敢领呢！”

慈禧正愁没法下台，听他这么一说，也就顺水推舟，笑道：“好吧，那就隔天再赐你吧！”

就这样，李莲英的一句话化解了尴尬。这样会说话的奴才，岂能不讨主人喜欢？

有时“沉默”比说话有用

在某些情况下，保持沉默，是一种明智的选择，也是明哲保身的一种手段。在激烈的竞争中，如果你是能力强的人，通常就会因为其他人的忌妒而遭到暗算。他们为了保住自己的地位，有时会使用一些不正当的手段来排挤你，在这个时候，如果你沉不住气，与对方起了冲突，发生了争执，那么你就上了对方的当。这时，你可以用沉默来对待他们。这样一来，无论他们如何争论，也无法抓住你的把柄。

阿旺是某公司的一名职员，工作能力特别强，十分出众，但他从来没有因此炫耀过，每天只是默默工作。每当同事闲聊时，他总是面带微笑，静静地在一旁倾听。

公司来了一个叫阿才的职员，他的忌妒心非常强，只要有比他工作出色的同事，他就会主动向对方发起攻击，许多老员工不是辞职就是请调。最后，这个部门只剩下阿旺一个老员工了，阿才为了稳固自己的地位，最后将矛头转向了阿旺。

一天，阿才无意中发现了阿旺的错处，于是马上点燃火药，劈头盖脸地对阿旺发起了猛烈的攻击。可出人意料的是，阿旺不但没有被阿才的行为激怒，反而用微笑来对待他的攻击，除了偶尔蹦出一个“啊”字，其他什么也没说。

最后阿才只好尴尬地离开了阿旺的办公室，心里虽然一肚子气，却不知道如何发泄。

半年后，阿才向领导递交了辞职报告。

其实，一直以来，阿旺不是听力不好，而是他知道职场的生存之道——与其和别人一直争论不休，还不如时刻保持沉默。争论只会激化同事之间的矛盾，而沉默会将停不下来的争论扼杀在摇篮里。

阿旺与阿才代表着职场中的两类人。阿旺对待同事宽容隐忍，用沉默的方式保住了自己的地位和人身安全，他代表着善于自保的一类人。如果阿旺在面对阿才的挑衅和攻击时，没有保持沉默，而是与阿才针锋相对，两个人一直在争斗的旋涡中，那么阿旺可能早已被阿才赶出了单位。

阿才是职场中忌妒心强的人的典型代表，为了巩固自己的地位，保全自己，用各种手段排挤、陷害他人。虽然他挤走了许多老同事，但阿旺还是没有被他的手段挤走，他的阴谋也没有得逞。

只要有人的地方就是江湖，就免不了有争斗，我们要时刻做好面对突如其来的袭击的心理准备。

我们可以不加害别人，但在必要情况下，也要穿好“铠甲”，披上“防弹衣”，而保持沉默可以起到防弹衣的作用，让永无宁日的争论尽早平息。

这样的道理每个人都懂：与痴癫人争论，那是自讨苦吃，因为他们根本不明白你在说什么，最后只会让你打碎牙齿往肚子里咽。

生活中的许多人，他们既不聋也不哑，每当听到不顺耳的话，就想着以其人之道还治其人之身，以同样甚至更大的力度回敬对方。

殊不知，这样的行为正好中了对方的圈套。面对他人的挑衅，如果我们一直保持沉默，那么，对方也是在演独角戏，自然觉得没趣。如果对方继续和你作对，最后自己只能落得个无理取闹的名声。很多挑衅者都会在你保持沉默时，酸溜溜地“且骂且退”，离开现场。

如果你将沉默的态度保持下去，并且不时地用一个很不解的眼神回击他，发出一些疑问的声音，如“啊”，这样，会让挑衅者更加没有面子，只能草草结束他的独角戏。

沉默是面对无理争吵时，进行反击的最好武器，我们与其和对方卷入争吵不休的旋涡中，还不如保持沉默，让自己不要卷入是非之中，这既是说话的艺术，也是自保的办法。

第六章

话多不如话少，话少不如话好

有力的语言大都精悍短小

在一次美苏高级领导人会谈中，肯尼迪说：“判断错误可能引发核战争。”赫鲁晓夫顿时勃然大怒，他大声叫嚷道：“判断错误！判断错误！我总是听到你们对欧洲和其他地方的朋友说这个该死的‘判断错误’！你们应该马上收起这个词，把它藏在冷库中，永远也不要再使用！我讨厌这个词！”在座的人都被他骂得面色难看。

午餐时，肯尼迪总统伸手摸了一下赫鲁晓夫的一枚勋章，问道：“这是什么勋章？”赫鲁晓夫骄傲地说道：“这是列宁和平勋章。”肯尼迪温和地说：“我希望这枚勋章能使您保持和平。”

谈判既是口才的争斗，又是心智的较量。出色的语言大师常常会巧舌如簧，自如地调动手中的筹码，取得意外的成功。他们有时虚虚实实，言在心中，一语道破；有时言不由衷，微言大义；有时旁敲侧击，频频暗示。目的只有一个，那就是战胜对方。

1793 年，美国总统华盛顿的就职演说只有 135 个字，林肯著名的葛底斯堡演说只有 10 句话。

他们的演说重点突出，一气呵成，而从演说中我们可以看出华盛顿、林肯驾驭语言的非凡能力。

尤其是林肯的演说词，仅用了 600 余字，他从上台到下台用时尽管还不到 3 分钟，却赢得了现场 15000 名听众经久不息的掌声，并且这次演说一下子轰动了全国，乃至世界。

当时的报纸评论说：“像这样篇幅短小精悍的演说真是无价之宝，感情深厚，思想集中，措辞严谨，而且字字句句都写得朴实、优雅，行文又很完美，完全出乎人们的意料。”

林肯的这份手稿已被收藏在国会图书馆，而他的演说词也被铸成了金文，放在牛津大学，同时它还成为英语演说一个最经典的范例。

1984 年，法国总理洛朗·法比尤斯发表的就职演说，更是短得出奇。有人曾这样描述那个简短的演说："还没等人们醒悟过来，新总理已转身回办公室去了。"

他的演说词中只有这样的两句："新政府的任务是国家现代化，团结法国人民。为此要求大家保持平和的心态，拿出最大的决心。谢谢大家。"这篇演说措辞委婉，内容精练，可谓独具匠心。

美国莱特兄弟的"一句话演说"也一直为人称道。

当莱特兄弟成功地驾驶动力飞机飞上蓝天之后，在庆贺酒会上，人们再三邀请哥哥威尔伯进行演说，于是他即兴地说了一句："据我们所知，鸟类中会说话的只有鹦鹉，而鹦鹉是飞不高的。"这仅仅一句话的演说，哲理深刻，顿时博得了在场所有人的掌声。

从上面的事例中我们可以看出，能否赢得听众的好感，并不在于说话时间的长短，相反，越是简洁的话语就越具有艺术魅力，而且事实证明，精练的话语更能吸引人。

一个生理学家通过多次实验研究发现，大多数人在听报告或是演讲的时候，精力集中的时间大约是30分钟，最佳的状态也只有前15分钟，而且时间的长度还与年龄、健康状况有关，这个时间对于身体强壮的青壮年来说会保持稍长一些，而老幼体弱的人相对要短一些。

因此，在讲话的时候，有效的会议时间应该控制在30分钟以内，时间太长效果反而不佳。

要做到这一点，首先就要求演讲者忍痛割爱，把讲稿中那些煞费苦心的修饰词大刀阔斧地删除，把“臃肿”的演讲稿进行“抽脂减肥”，同时要使演讲稿的主题鲜明、重点突出，而且要言简意赅，最大限度地提高演讲稿的语言和文字的信息量。

现代社会，随着生活节奏的不断加快，人们不再喜欢那些加了过多修饰词的空话、套话。要想使演说简洁、明快，就要千锤百炼，这样才能使你的词汇更加丰富，同时思路也更加清晰。

高尔基曾说过：“简洁的语言中隐藏着最伟大的哲理。”文采出众的法国作家福楼拜，也可以被称为锤炼语言的一个典范。

他曾经为了寻找恰当的四五句话，花了整整一个月的时间。这个例子足可以证明他在锤炼语言上所下的功夫。

说话时，还要学会长话短说，要学会“筛选”和“过滤”，尽量用最精辟的、恰如其分的表情达意的词句，同时尽可能地用精练的语言表达出深刻的内涵。

美国学者多琳·安森德·图尔克穆曾经这样告诫我们：“如果你还没有想好用哪个词最合适，那你就不要开口。”语言贵精不贵多，口才最差的人往往就是唠叨不停的人。要真正把自己的话说得准确而有效，就必须让自己的语言简洁精练，使对方能很快明白你要表达的意思。

话多不一定有用

《三国演义》中有一个“白门楼斩吕布”的片段。曹操虽然擒拿了吕布，但吕布的本领高强，他不想将其置于死地，想留下为己所用。因此，他向刘备征求意见。刘备担心吕布归顺曹操后，将成为自己以后称霸天下的障碍，希望曹操处死吕布。这时，刘备本来可以说出吕布许多的劣迹恶行，但他只是向曹操提及吕布曾亲手杀死了自己的义父，用这样典型的事例来说服曹操。刘备说："公不见丁建阳、董卓之事乎？"警示曹操：吕布一向反复无常，是个心狠手辣、恩将仇报的人，难以为曹操所用，搞不好自己会成为吕布的刀下鬼。于是，曹操决定斩杀吕布。

吕布曾经对刘备有恩，在吕布被斩之前，提醒刘备："君不记辕门射戟之事乎？"可是，刘备并未将其放在心上，不予理会。

当遇到一些突发事件时，如果处理不妥当，急切之中也会酿成祸患。此时说的每一句话，都是攸关性命的。

汉武帝喜欢四处巡游，一次，在鼎湖病倒后到甘泉视察，发现去往甘泉的道路崎岖坎坷，难以行走，没有提前整治，于是大怒道："难道义纵（治理甘泉的官员）认为我必定驾崩鼎湖，来不了甘泉了吗？"

这件事本来是治理甘泉官员的疏忽，可是，在那种紧急情况下他竟难以辩解。不久，汉武帝找借口要了义纵的性命。

同样是汉武帝，他在一场大病后，忽然发现宫中御马比以前瘦了好多。他命令手下叫来管马的上官桀，骂道："你是不是觉得我快要病死了，所以连御马也不管了？"说完，便要治上官桀的罪。

上官桀灵机一动，急忙申辩道："臣罪该万死，唯知陛下龙体欠安，因为日夜忧虑，没有心思喂马。是臣的失职，陛下要杀要剐，臣悉听尊便，只要陛下龙体安康，臣死而无憾！"话未说完，他已泣不成声。

其实，没有喂好马与没有修好道路是一样的，都是失职造成的，但上官桀却很机智地说自己的失职是因为为陛下担忧导致的。他的言行让汉武帝感觉他很忠心。最后，不但没有将上官桀杀头治罪，反将其予以重用，累官至骑都尉。

林肯曾经为一个案件做过精彩辩护，用短短一分钟的时间就驳倒了对方两小时的论述。事情是这样的：

在罗克岛和达文波特之间有一条大河，河面非常宽阔，于是，罗克岛铁路公司决定在这条河上修建一座大桥，以便人们顺利通行。但是，这个时期正是轮船公司生意最好的时候，如果在此时修建大桥，势必会影响轮船公司的经营秩序，经济效益也会急速下滑。

轮船公司为了阻止罗克岛铁路公司在这个时期修桥，把罗克岛铁路公司告上了法庭，试图让法律否定他们的决定。谁也没有料到，这会成为运输史上最著名的诉讼案件。

轮船公司的辩护律师叫韦德，是相当有名的“利舌”。法庭辩论的最后一天，听众云集，他滔滔不绝，讲了两小时，声音很大，法庭外面也听得到。他千方百计地为轮船公司辩护，甚至暗示修建铁路桥会引起水运工人的抗议和示威游行。

轮到罗克岛铁路公司的律师林肯发言时，听众不耐烦了，怕他也滔滔不绝，而这也正是韦德律师的计谋。但是，林肯没有那么做，他只用了一分钟，就不可思议地扭转了形势，案子因此而闻名。

林肯站起身来，停顿了一会儿，仿佛让大家重温法庭的庄严，然后平静地说：“首先，我向控方律师的滔滔雄辩表示祝贺。但是，跨河陆地运输远比河内水上运输重要。陪审团的各位，你们要裁决的唯一问题是，对于未来发展而言，跨河陆地运输和河内水上运输哪一个更重要，哪一个更不可阻挡？”不到一分钟，他说完了，坐下。陪审团只用了很短的时间就做出了裁决，建桥的一方胜。

林肯的话语简明扼要，抓住事情的关键，起到了千言万语也不能达到的效果。

为了使你的话更有力度，在话未出口时，先在脑子里构思一个轮廓，然后再按次序有条不紊地说出来就行了。如果我们使用的是电话交流的方式，最好事先把要谈的事情逐一列出，写在一张纸上，然后再说：“我知道您很忙，有这么几件事需要和您讨论……”这样一来，对方就很容易接受，从而愿意和你交谈了。

有的人话多而无用，而有的人说话简洁却很有力量。语言的力量超出我们的想象，说话做事要谋定而后动，三思而后行。

说话应以“精”为好

不管在什么场合，我们都应该懂得“话多不如话少，话少不如话好”的道理。一个语言精练、懂得适时沉默的人，总会受到他人的欢迎，而一个不分时间、场合，总是滔滔不绝的人，总会让他人感到厌恶。

我们要学会少说话，千言万语也不及一个事实给人们留下的印象深刻。另外，如果想要使你说的话让人重视，有一个技巧就是少说话。少说话的人有更多的时间静静思考，因此说出来的话更为精彩。我们应该少说话，尤其是当有比我们更有经验或者更了解情况的人在座时。如果说多了，就等于自暴其短，同时也失去了一个获得知识和经验的机会。

话要说得少，更要说得好。在我们的人生中，不但要学会适时沉默，还要学会优美而文雅地运用语言。少说话固然是美德，但是人处于社会中不能完全不说话，也就是说，我们要做到既说得少又说得好。在各种场合，在不该开口的时候，要做到少说话并适当保持缄默。在该说的时候，就要注意所说的内容、意义、措辞、声音和姿势，要注意到什么场合说什么话。无论是探讨问题、接洽生意，还是交际应酬、娱乐消遣，我们都要尽量使自己说出来的话重点突出、具体而生动。

有一句古话：兵不在多而在精。说话也是这样，也以“精”为好。《墨子闲话》中有这样一个故事：

有一次，子禽问他的老师墨子：“多说话有什么好处？”

墨子回答：“青蛙整日整夜都在鸣叫，自己口干舌燥，令周围的人厌恶。晨鸡黎明按时啼叫，却叫醒了天下的人。

多说话有什么好处？话要说到点子上才好。”

事实正是如此。

我们都知道，秦末时期的陈胜和吴广发动了我国历史上第一次农民大起义。这样一次铭记史册的壮举，当时陈胜只简短地说了几句话：“公等遇雨，皆已失期，失期当斩。藉第令毋斩，而戍死者固十六七。且壮士不死即已，死即举大名耳，王侯将相宁有种乎！”总共46个字。

美国第28任总统伍德罗·威尔逊曾经说过，自己准备一份10分钟和一份1小时的讲稿，都分别需要两个星期的时间。但如果是一份2小时的讲稿，则不需要任何准备，马上就可以讲。

很多人不明白究竟是为什么，道理很简单，演讲时间长，演讲人无须压缩演讲内容，自然所需的准备时间就少。相反，演讲的时间越短，演讲人就越需要精简文字，将自己本次演讲的主要内容提炼出来，并无一遗漏、清晰地传达给听众，这无疑需要花费大量的时间和脑力。《红楼梦》中贾元春省亲，见到弟弟贾宝玉，百感交集，自然有一肚子话要说。然而，作者曹雪芹却并没有如预想的那样，让元春大说思念之词，而仅仅是拉起弟弟的手，将思念之情化作一句话："又长高了……"继而泪流满面。在这里，元春的话虽然只有一句，但是，我们却能从中读出并感受到她内心的痛苦，达到了"以少胜多"的效果。如果元春滔滔不绝地说这说那，即使言辞中加上善于表达痛苦的成分，读者的内心也不会引起如"又长高了"这短短 4 个字这样强烈的触动。这是因为能够反复陈述痛苦者，其痛苦还能够抑制；而连陈述痛苦都没有办法做到的人，其痛苦程度一定远胜于前者。但是，现在却有很多人不懂得"言贵简"这个道理。古今中外有太多说话"啰唆而长"的典型人物：

明朝的大臣茹太素，写了一本 1 万多字的奏折给朱元璋，讲述的是朝廷应该如何选拔人才。朱元璋叫人读给自己听，读了 1 万多个字，还听不出个所以然来，这把朱元璋可气坏了。他立即派人在文武百官面前打了茹太素一顿。

捷克作家雅·哈谢克的著名作品《好兵帅克》中写道，有个书呆子新兵叫贝赫，当他被连长莫茨中尉问来自哪里时，贝赫先用捷克语回答："下波乌索夫。"接着又用德语回答了一遍。紧跟着他介绍起家乡来："那儿有 267 所房子，1936 名捷克居民，属于英琴区索波特卡县，曾经是科斯吉的庄园。圣·叶卡捷林娜区教堂在 14 世纪时建造，并由瓦茨拉夫·弗拉吉斯拉夫·涅多利茨基修复。那里有学校、邮局、电报局、捷克贸易铁路站、糖厂、磨坊、锯木场、瓦利哈村、六个节日集市……”在贝赫滔滔不绝地说得兴起的时候，莫茨中尉突然来到他的面前，狠狠地给了他一个又一个的耳光。

朱元璋、莫茨中尉选择用“打”来惩罚“啰唆而长”的人，当然不值得效仿，但也说明了语言啰唆的讨厌程度。我们应当认真研究一下说短话、做短文的学问。不然的话，就容易闹出这样的笑话来。

一位演说家口若悬河地进行了长达四小时的演说。当演说结束时，全场响起了热烈的掌声。演说家为自己的成功而感到十分兴奋，他拉住一个听众问：“您对演说的印象如何？”那个听众说：“演说很精彩。”

演说家更高兴了，追问道：“哪一部分最精彩呢？”

听众说：“最精彩的一部分就是最后的结语：先生们、女士们，我的报告完了。”

试想一下，听了这样的评价，那位演说家岂不是比挨打更难受吗？

想说好话，就要看场合

在不同的场合，面对着不同的人、不同的事，从不同的目的出发，就应该说不同的话，这样才能收到理想的效果。

鲁迅讲过这么一则故事：一个富人生了个孩子，大家都来祝福。有人说，这孩子将来一定会做大官，于是他受到了主人的奖赏；有人说，这孩子将来一定会发大财，于是他也受到了主人的奖赏；这时有个人说，这孩子将来一定会死，于是他招来了众人的责骂。孩子将来当大官未必，发大财也未必，而死却是肯定的。如果你既不想违背良心说假话，又不想因为说真话而得罪人，那怎么办呢？那你就看着孩子笑着说："你看这孩子！多么……呵呵……呵呵……"

在某些场合，有时候装点儿糊涂，不见得就是坏事。

说话不看场合，随心所欲，信口开河，想到什么说什么，这是不会说话的人拙劣的表现。只有学会了说话，你在人际交往中才会得心应手、游刃有余。

斯库特去拜访一位女性朋友，女佣告诉他："十分抱歉！小姐要我告诉你说，她不在家。"

斯库特说道："没关系！你就告诉她，我并没有来过。"

斯库特以巧妙的话语表达了自己的心情，并对女主人避而不见的做法进行了讽谏。他的那位女性朋友听到这么精彩的答话后，还能沉得住气吗？我们可以预料，她一定会走出来与斯库特相见。

说话要注意场合，这是提醒你注意说话时所处的时间、地点和周围的情况，不要违背、超越具体情境对你的限制。

如果谈生意时，在对方的办公室里初次见面，你想给对方留下一个好印象，可以从他的办公室开始赞美：你可以赞美办公室的装潢，墙上的字画或者挂图，办公家具以及书籍、设备等。

如果对方的衣着确实有值得称赞之处，你一定要赞美对方的衣着；如果对方是一个不注重外表的人，那就赞美他不注重衣着的另一面："您不注重衣着，那是您没有时间关注这些事情，但您的气质反而因此更加出众。"

如果是女性客户，你一定要赞美她漂亮，女人都是爱美的。如果她不够漂亮，你就赞美她的衣着品位；如果她的衣着不够讲究，你就赞美她的气质。

这样的方式许多人都在用，我们在评论对方的气质时，一定要真诚，要发自内心地赞美对方。

“你工作起来认真的样子很有魅力!”这句话就比“你工作的时候好迷人啊!”更诚恳。要注意，女人都是很敏感的，不要过分地赞美，否则，她会认为你在说谎。

漂亮的女子听多了别人对她的赞美，一般的话语已经不会对她有什么影响了。如果你想给对方留下很深的印象，就一定要另找细节。比如说：“你的眼睛很迷人!”或“你的头饰很别致!”等，注意说话语气不要油滑。

让对方从第三方那里听到你对他的赞美，效果往往会更佳。这是因为，当面赞美一个人往往有奉承讨好之嫌，而如果对方不在场，你却在别人面前夸奖他，对方得知后，就会认为你对他的赞美是由衷的。

比如，小C见到小B说：“So beautiful！怪不得小A昨天一直在说你这次做的发型很特别，说得我心里痒痒的。在哪儿做的？我也很喜欢这样的发型，我也想去做一个。”这比小A当面说“小B，你这个发型真特别”效果要好得多。

北京有家仿膳饭店，虽然那里的饭菜全是仿照清朝宫廷菜点的方法烹制的，但生意一直不太好。后来他们通过调查，发现外国游客大都对皇帝的起居饮食怀有浓厚兴趣，于是决定以“皇帝吃过的饭菜”作为仿膳的特色，大张旗鼓地进行宣传。

他们搜集了许多关于宫廷菜点的传说和逸事编成故事，让服务员背下来，在点菜、上菜时根据不同顾客、不同菜点加以介绍，饭店从此顾客如云。

一次，美国华盛顿市市长在这里举行答谢宴会。席间服务员端上一盘点心，彬彬有礼地介绍说：“慈禧太后夜里梦见吃肉末烧饼，碰巧第二天早上厨师为她准备的就是肉末烧饼，她高兴极了，认为这是心想事成、吉祥如意的象征。今天为各位献上的就是当年慈禧太后‘梦寐以求’的肉末烧饼，愿人家今后事事如意、步步吉祥……”

一席话把美国客人逗乐了。华盛顿市市长高兴地敬了服务员一杯酒，说：“下次来北京，愿再来你们这里做客！”

“情商”要有，“语商”也要有

语商的提高不是片面地学怎样说话，而是要从有意识地提高情商入手。

所谓语商，就是指一个人的语言表达能力。一个人说话颠三倒四或词不达意是语商低下的表现，但还不至于造成大的危害。可是如果总是不分场合说出不恰当的话，就会对其个人以及他所做的事造成不良影响。

有一位专家型的部门经理，从他的业务能力来看可以做更大的事，但当他在评价和安排员工的工作时，却经常让人不知所云。他要么说一些无关紧要的事情，要么喋喋不休，因此多次失去晋升机会。还有一类人是对自己所做的事和所说的话不敢承担责任，因而失去了上司和员工的信任。

还有一家制造公司的部门经理，当他把事情弄糟以后，老板批评道：“这到底怎么回事？你把事情全弄糟了。”这位中层经理听了老板的批评后非常生气，立即辩解道：“一定是手下的员工误解了我的想法和要求，他们应该对这一后果承担主要责任。如果您对这一结果不太满意，也不应追究到我的头上。”这一回答显然让他的老板难以容忍。老板说道：“你承受不了责备，也不能保持冷静。不管是谁的错，你都应该努力去解决问题，但从你的回答中丝毫看不出这一点。”这位经理后来也因此被免除了职务。

显然这些人都是因为自己的语商较低，在试图证明自己具有很强的思考、评价和解释能力时，自断前程。他们给自己的上司、下属、合作伙伴和同事都留下了不好的印象。

在言谈话语间体现自信，这并不是什么不好的行为，而且你也必须如此。但良好的言辞同自吹自擂有很大区别，关键在于你是否能以恰当的方式和技巧来表现。

当谈及自身的成就时，你所希望表达的信息不过是让他人知道你有多棒。但是你一定要注意：在传递这种信息时，必须要坦率简洁。例如，你为公司举办的新闻发布会写了一份报告，并得到与会者的好评，你的喜悦之情自然会溢于言表。这时，你大可不必说：“瞧，我做了一件多么了不起的事情。”相反，当上司称赞你时，你应该显得更加沉稳：“这是公司分配给我的工作，也是我应该完成的。”

一个人的语商与他的情商有很大的关系。情商高的人大多能说会道，或者至少能把话说到点儿上，说的话能让人感觉舒服。所以，语商的提高不是片面地学怎样说话，而是要从有意识地提高情商入手。

赞美，和谐关系的有力武器

溢美之词谁都喜欢听，这是人的天性，不管男女老少，都希望能够得到别人的赞美。当一个人听到对方的奉承和称赞时，会产生一种莫大的自信和无以言表的喜悦感。许多杰出人物都是使用这种方法的高手。

罗斯福就非常懂得赞美别人，他常常能够利用恰当而诚恳的语言来夸奖与赞美一个人；而林肯则能通过观察某人感兴趣和引以为豪的东西，说出一些诚挚并且能切合他性格和优势的话。

当然，在实际生活中，也有许多反面的例子。一些人因不恰当地奉承和称赞他人，从而引起对方的疑虑甚至厌恶。针对这种情况，雨果曾经说过这样一句话：

“我宁可让别人侮辱我的好诗，也不愿别人赞美我的坏诗。”

这启示我们：即使是赞美也要做到恰当和适度，要掌握其中的语言艺术和技巧。接下来介绍一些称赞和夸奖别人的简单策略。若我们能掌握这些，赞美就很容易奏效。

第一，赞美一定要真诚，不可虚假。真诚是人际交往的基础，若你的称赞不是发自内心，让人感觉不真诚，就会令人厌恶，没有人会喜欢虚伪做作的人。为此，你必须保证你所称赞的人的确具有你所称赞的优点，而且你的仰慕和佩服必须是发自内心的，否则就会影响你们之间的关系。

第二，赞美一定要新颖，不可庸俗。对早已听够了那些客套的赞美之词的人而言，普通的赞美根本无法打动他们的心。如果你想让赞美产生更加明显的效果，就应该抓住“新颖”二字。比如赞美一位影视明星的演技非常高，听起来可能会觉得没有诚意，但如果你赞美他在某部影片中饰演的角色非常成功，那么你就能给他留下好印象。

第三，赞美不可空泛。空洞而毫无意义的赞美会让人觉得虚伪和厌恶，还是具体、明确、实在的赞美更容易被人接受。比如，只是单纯地说对方的衣服很漂亮，还不如用“款式新颖”“质量好”“很符合气质”等有具体意义的词语来表达；模糊地说“你真的是一个值得交往的人”，还不如具体地说一句“你对待朋友非常友好，和你在一起我非常开心”“你说话非常幽默，总是让我忍不住笑”等。

第四，注意赞美的场合。如果是批评朋友，要选择没有人的地方；而如果是称赞朋友，就要选择人多的地方。但是场合如果选择错误，即使你的赞美再真诚恳切，也很有可能带来负面影响。例如，如果对方的上司也在场，你赞美他非常具有领导才能，肯定会让对方非常尴尬。

第五，注意好赞美的频率。塞缪尔·约翰逊曾经说过：“赞美，像黄金钻石，只因稀少而有价值。”因此，在赞美和夸奖别人的时候，一定要控制住次数。频繁的赞美不仅不能增进彼此之间的感情，反而使对方认为你是献殷勤，是虚伪的人，甚至因此厌恶你。

第六，间接赞美效果更明显。间接赞美就是在被赞扬者不在的情况下，在另一个人面前赞美他。当面的赞美可能会让人觉得你是有目的的，而背后的赞美如果通过别人传到当事人的耳中，会让他觉得你是发自内心的。这样产生的效果更加明显。

第七，赞美要轻松自然。赞美他人，不管是直爽坦然的直接赞美，还是模糊含蓄的间接赞美，都应该让自己的赞誉之词显得轻松真诚，千万不能虚假做作。直接赞美时，最好不要夸张或夸大，要用词恰当、准确。间接赞美时，则要语句清晰，不要太隐蔽。

在社会交往中，懂得恰当地赞美别人，并且运用适度的策略来增加其效果，能够有效地维护对方的自尊心，令对方感到开心，从而给对方留下良好的印象。不仅能增进双方的感情，而且使自己在交际场上如鱼得水。

赞美不是献殷勤。赞美的目的是让对方更加清楚自己的价值，并获得一种成就感。赞美是真实坦诚的欣赏。这与献殷勤的动机完全不同，献殷勤是为了达到自己的目的而骗取他人的信任，而赞美则是发自内心地表达出对对方的肯定。赞美可以拉近双方的距离，加深彼此之间的感情。赞美是真心送给别人的一缕阳光，而献殷勤则是为他人设下的圈套。

每个人都希望自己可以得到别人真心的赞美。生活让人们懂得，适度的赞美可以维护别人的自尊心，并增进彼此的感情。

下篇

人不作，事事牢记尺度和分寸

第七章

心中有了尺子，行事才能有分寸

说话做事要懂得见好就收

三国时期，荆州一直是吴蜀两国的必争之地。

赤壁之战后，刘备占领了荆州。对于刘备来说，荆州实在是太重要了，因为这是向西川发展的基地。失去荆州，就失去了三分天下，进而统一中原的条件。但是，荆州也是东吴的门户，要统一长江以南，发展自己，就必须夺取荆州。为此，赤壁大战后，孙权便派鲁肃前往蜀国索取荆州。

按道理说，赤壁之战是孙刘联合的胜利，荆州作为从曹操手里夺取的战果，归刘备所有，名正言顺。况且，刘备漂泊半生，连个立身之处都没有，占有荆州也没什么不妥。当鲁肃前来索要时，诸葛亮完全可以讲出很多理直气壮的话来。

实际上，诸葛亮对鲁肃说的却不是这样的话，而是婉转地提出暂“借”荆州。

一个“借”字，体现了诸葛亮办事适可而止、恰到好处的技巧。当时的刘备，与曹操、孙权比较，力量还很弱小，只有同孙权结盟，共拒曹操，方能立稳脚跟，发展壮大，以图大业。假如此时提出占领荆州，就会激化吴蜀之间的矛盾，进而破坏吴蜀联盟，打破既定的政治战略，造成全局被动。而用一个“借”字，就避免了这个危险。就是说：“借”荆州，既保证了刘备的可靠后方根据地，又维护了孙刘双方的同盟关系，一举两得，恰到好处。

然而，关羽却不能理解诸葛亮的这番苦心。诸葛亮离开荆州之前，曾告诉关羽8个字：“北拒曹操，东和孙权。”但关羽一直没把“东和孙权”放在心上。在与东吴的多次外交斗争中，他凭着一身虎胆、好马快刀，从不把东吴人放在眼里。不但公开提出荆州应为蜀所得，还对孙权等人进行人格污辱，称其子为“犬子”，使吴蜀矛盾不断激化。最后，东吴白衣渡江，偷袭荆州，关羽地失人亡，下场悲惨至极。

虽然，关羽的失败不能全部归咎于他处理与东吴关系时的不谨慎，但至少他的过激行为促使并加剧了吴蜀联盟的破裂，使东吴痛下决心，以武力收复荆州。

诸葛亮和关羽的所作所为，正好从正反两方面说明了“适可而止，见好就收”的重要性。

不该说的话，坚决不说；不该做的事，坚决不做，是对“适可而止，见好就收”的最好诠释，也是为人处世的重要法则。

总抢风头会让你人缘尽失

在社交场中，你不能只顾着表现自己，而不顾及他人，否则无论你走到哪里都不会受欢迎。

有的人说话不顾及别人的态度与想法，只是一个人滔滔不绝，说个没完没了，讲到高兴之处更是眉飞色舞，你一插嘴，立刻就会被打断。这样的人还是大有人在的。李晓就是这样一个人，只要他一打开话匣子，就很难合上。跟他在一起，你就要不情愿地当个听众。他甚至可以从上午讲到下午，连一句重复的话都没有，真不知道他的话都是从哪儿来的。每次他找人闲聊，大家都躲得远远的，因为和他在一起实在没劲。

人与人交往，重要的是双方的沟通和交流。在整个谈话过程中，若只有一个人在说，就无法与对方产生共鸣，这样就达不到沟通和交流的目的。就是说，交谈中要给他人说话的机会，一味地唠叨不停只会使人不愿意与你交谈。

如果你在与他人交往的过程中，把自己的观点强加给他人，就会引起对方的不满。其实，每个人由于生活经历不同，对事物的认识也会不尽相同，各持己见是正常的现象。但是，他人一提出不同意见就断然否定，然后把自己的观点强加给别人，这样必定会给人留下狭隘偏激的印象，使交谈无法进行下去，甚至不欢而散。当你与他人交谈时，应该顾及对方的感受，以宽容为怀，即使他人的观点不正确，也要坚持与对方共同探讨下去。

林枫是某大学外国语学院的学生会会长，能言善辩，口才极佳。但他有一个特点：凡事爱争强好胜，常因为对某些问题的看法而与人争得面红耳赤，非得争个输赢出来才肯罢休。他总认为自己说的话有道理，别人说的话没道理。别人的看法和观点，常常被他驳得一无是处。当大家讨论问题时，只要他在场，就会疾言厉色，一会儿反驳这个，一会儿又批评那个，好像只有他一个人是正确的，别人都不如他。如果不把死的说活，活的说成仙，就绝不善罢甘休。就这样，他常常把气氛弄得很紧张，最后大家只好不欢而散。

还有的人，十分热衷于突出自己，与他人交往时，总爱谈一些自己感到荣耀的事情，而不在意对方的感受。A女士就是这样一个人，不论谁到她家去，椅子还没有坐热，她就把她家值得炫耀的事情一件一件地向你说，说话时的表情还是一副十分得意的样子。一个老同学的丈夫下岗了，经济上有点儿紧张。她知道了，非但没有安慰人家，反而对这位同学说："我家老头子每月工资 8000 元，我们家花也花不完。”她女儿给她买了一件漂亮的衣服，她就跑到人家那里去炫耀：“这是我女儿在香港给我买的衣服，猜一猜多少钱？1800元呢。”说完，一副很得意的表情，意思是：“怎么样，买不起吧？”

表现自己，虽然说是人的共同心理，但也要注意分寸。如果只是一味热衷于表现自己，对他人不屑一顾，就很容易给人造成自吹自擂的不良印象。

洛宁刚调到公司的时候，为了给别人留下深刻的印象，处处表现自己。本来是领导已经知道的事情，他偏偏要去积极地汇报。在同事面前，天天都说自己有学问、有能力，说以前在某某单位时，自己干得多么出色；在上大学的时候，成绩多么好，老师多么器重他，同学们多么佩服他。刚开始，大家还认真地听他说，后来，大家对于他的表现都十分反感，觉得他太爱表现自己了。

一次，领导问大家：“有一项工作，谁能够胜任？”他一看机会来了，就抢先向领导说：“我能干好。”弄得大家心里面都不太痛快。其实，他根本就没有把握，可是为了表现自己，就打肿脸充胖子地揽了下来。但接下来，他可就犯了难，自己对这项工作真的是没有把握，做好做坏，自己心里一点底儿也没有。他向同事求救，可是没有一个人肯帮他。有一位同事还语带嘲讽地说："没那金刚钻，别揽瓷器活儿啊。"逗得大家哈哈大笑，他也只好一脸苦笑。后来，他没有按时完成这项工作，领导非常生气，批评了他。一位同事对他说："你也该接受教训了，以后踏踏实实地工作吧。"说得他不断地点头。

在与人相处和交往的时候，要多注意别人的心理感受。只有抓住了对方的心理，才能真正赢得别人的赞赏与好感。如果你只顾表现自己，在人前抢着出风头，不给别人表现的机会，那就会受到嫉恨，在人际交往中陷入尴尬境地。

不偏不倚方能不得罪人

不偏不倚是很难把握的分寸。在社会生活中，人们大都想摆脱孤立无援的窘境，力争使自己的所言所行有所依托、有所呼应，于是便很容易产生偏倚于某人或偏倚于某事的心理。

要知道，每个单位的人事关系都很复杂。有些人是专爱拉帮结派、挑拨是非的。不管你是否愿意，都有可能被别人拉拢过去，成为一个他想发展的对象。当他毫无缘由地对你热心，并与你“谈心”时，你就要学会不偏不倚了。

进士出身的卢见曾是纪晓岚的亲家，二人关系甚密。卢见曾是乾隆时期的两淮盐运使。权相和珅当时想整治纪晓岚，却又抓不着什么把柄，于是就准备下毒手整卢见曾，既能给纪晓岚一点儿颜色看，也能解心头一时之恨。

一天，和珅向乾隆告卢见曾受贿贪污。乾隆听信谗言，在朝中议事时，决定先查抄卢见曾的家产，然后再定他的罪。纪晓岚当时也在朝，知道是和珅在有意陷害，所以也没敢多吭声，以防多辩反而弄假成真。下朝后，他想了一个救卢见曾的办法：他在信封里装了一小撮茶叶、一小撮盐，封好后派人火速送到卢见曾手中。卢见曾拆封一看：“茶盐！”便知有人在朝中诬陷自己，于是早早做了防备。

可见，在同事中，与某人亲近，可能会在无形之中成为人际关系斗争的牺牲品。假若纪晓岚不机智地将信息传给卢见曾，那么卢见曾就会死无葬身之地了，而那时候，他还不知道他的祸患是因为和纪晓岚关系好引起的呢。可见，在处世中不偏不倚也是安身之道啊！

不偏不倚，也可以说是中正之道。这还真是不少人为人处世的法宝呢！不偏不倚者，超然于派系斗争之上，不过分亲谁、疏谁。只要做到不偏不倚，你的敌对面就会减少，你的形象就会很“公正”，你的职位也就会越来越稳。

不信，你就再瞧瞧徐世昌。徐世昌，人称“三朝元老”，慈禧掌权时，他做过邮传部尚书；袁世凯任总统时，他做过北洋政府国务卿；段祺瑞执政时，他出任总统。可以说，他是个地地道道、不偏不倚的和事佬，一个活生生的不倒翁。

在军阀横行的乱世之中，一个无兵、无地盘的文人，何以位及显要？

有人总结了徐世昌为官的四条经验：

一曰圆通。也就是说，他说话圆滑，模棱两可，有伸缩余地；做事八面玲珑，能左右逢源。比如宣统退位之后，他依旧保持与“朝廷”的关系，不忘旧主，心念皇恩；同时又成了袁世凯的“相国”，两面讨好，双方渔利。

二曰沉稳。他遇事沉稳缄默，不急于表态，需要做决定时会故意回避，多听他人意见。没有十拿九稳的把握，绝不轻举妄动。

三曰柔韧。以静制动，以柔克刚，必要时哼哼哈哈，拐弯抹角，宁可做臭皮囊软磨硬泡，待对手力竭而胜之，也决不逞一时刚勇而折弓。

四曰机警。专注风云变幻，不为天下先，也不落人之后；时机不来，则耐心苦待，时机到时则狠狠抓住。

这四条经验归纳起来就是四个字：不偏不倚。要知道，不偏不倚，方可左右逢源，进退有据。

不要只顾自己拿好处

清朝著名的“红顶商人”胡雪岩，一生纵横官场与商场，黑白两道，上下通吃，做人真正地做到了“人精”的地步。他做人一个很重要的原则便是“利益均沾，资源共享”，这才成就了一段不朽的传奇。

胡雪岩做生意，永远会把人缘放在第一位。“人缘”，对内指员工对企业忠心耿耿，一心不贰；对外指同行的相互扶持。

胡雪岩对于金钱的看法有他独到的见解，其中很重要的一点便是：与他人分一杯羹，好处共享。

有一次，胡雪岩打听到一个消息，说有外商运进来一批先进、精良的军火。消息马上得到进一步的确认，胡雪岩知道这又是一笔好生意，做成一定大有赚头。他立即找外商联系，凭借他丰富的经验和高明的手段，以及他在军火界的信誉和声望，胡雪岩很快就把这批军火生意搞定了。

正当春风得意之时，他听商界的朋友说，有人在指责他做生意不仁道。原来外商已准备把这批军火以低于胡雪岩出的价格，卖给军火界的另一位同行，只是在那位同行还没有付款取货时，就被胡雪岩以较高的价格买走了，使那位同行丧失了赚钱的好机会。

胡雪岩听说后，对自己的贸然行事感到惭愧。他随即找来那位同行，商量如何处理这件事。那位同行知道胡雪岩在军火界的影响，怕胡雪岩在以后的生意中与自己为难，只好推说这笔生意既然胡老板做成了就算了，只希望以后留碗饭给他吃。

事情似乎可以这么轻易地解决了，但胡雪岩却提出，把这批军火在外商那里谈的差价付给同行，相当于他从同行那里买的军火。这样那位同行就吃个差价，而不需出钱，更不用担风险。事情一谈妥，胡雪岩马上把差价付给了他，那位同行甚为佩服胡雪岩的商业道德。

如此协商一举三得，胡雪岩照样做成了这笔好买卖，不但没有得罪那位同行，而且博得了那位同行衷心的感谢，在业界声誉更高了。这种通达的手腕和高超的做人“心机”日益巩固着他在商界的地位，成为他在商界纵横驰骋的法宝。

不乘人之危抢人饭碗是胡雪岩圆融的处事方式的具体体现。他一直恪守这一原则，使得他在商界中获得了极好的名声。

胡雪岩在外经商多时，尽管自己不愿意做官，但和场面上人物来往，身上没有功名会显得身份低微，这才买了个顶戴。后来王有龄身兼三大职务，顾不了杭州城里的海运局，正好胡雪岩捐官成功，王有龄就说要委任胡雪岩为海运局委员——相当于王有龄在海运局的代理人。

对此，胡雪岩以为不可。他的道理也很简单，但一般人就是办不到，其中关键在于胡雪岩会退一步为别人着想。胡雪岩直告王有龄，海运局里有个周委员，资格老、辈分大，如果王有龄卸任，应由周委员替代才是，如果胡雪岩贸然坐上这个位子，等于抢了周委员应得的好处。反正周委员已经被他收服，如果由周某代理当家，凡事还是会与胡雪岩商量，等于胡雪岩做了幕后代理。既然如此，就应该把代理职位赏给周委员。

这样一来，胡雪岩既避免了将周委员的好处抢去，也避免为自己树立一个潜在的敌人。所以说，他的“舍”实在是极有眼光和远见的。

利用同样的观念，胡雪岩还帮助了王有龄一次。王有龄官场得意，身兼湖州府知府、乌程县知县、海运局坐办三职，他在四月下旬接到任官派令，左右人等无不劝他，速速赶在五月初一接任视事。之所以有这等建议，理由很简单：尽早上任，尽早搂到端午节“节敬”。

清代吏制腐败，红包回扣、孝敬贿赂乃是公然为之，蔚为风气。风气所及，冬天有“炭敬”，夏天有“冰敬”，一年三节另外还有收入，称为“节敬”。浙江省本来就是江南膏腴之地，而湖州府更是膏腴中的膏腴，各种孝敬自然不在少数。王有龄四月下旬获派为湖州知府，手下各路聪明才智之士无不劝他赶快上路，赶在五月初一交接。如此一来，刚上任就能大捞“节敬”。

王有龄就此询问胡雪岩的意见，胡雪岩却说：“银钱有用完的一天，朋友交情却是得罪了就没得救!”他劝王有龄等到端午节之后再走马上任。

胡雪岩之所以这样建议是有多方面考虑的，王有龄不是湖州第一任知府，在他之前还有前任，别人在湖州府知府衙门混了那么久，也指望着端午节“节敬”。王有龄虽然可以名正言顺地抢在头里接事，抢前任的“节敬”。可是，这么一来，无形中就和前任结下梁子，眼前当然没事，但保不准什么时候就会发作。要是将来在关键时刻发作，墙倒众人推，落井猛石下，那可就划不来了。

胡雪岩心里非常明白，好处自己不能占绝，干什么事情都不能吃干抹净。一定要为对方着想，有好处时分给对方一杯羹，这样才不会结下怨仇，等失势时别人才不会落井下石。

一个人千万别做事做绝，好处得尽，这样的话，你得势时虽然做到了初一，但等你失势时人家就会做到十五，到头来说不定自己还会落得个悲惨的下场。所以，有好处时一定要分人一杯羹，这叫“与人方便，自己方便”。

第八章

做人既不能太谦卑，也不能太傲慢

上交不谄，下交不渎

“上交不谄，下交不渎”出自孔子的《易·系辞传》。大概意思是，与高于自己的人交往，不要低声下气；与低于自己的人交往，不要高傲怠慢。这是孔子为人处世的原则。“上交不谄，下交不渎。”看似简单，说起来容易做起来难。文人逸事中有个苏轼题字讥讽老道的故事。一次，苏轼游莫干山，途中经过一庙宇，想进去休息片刻。庙里的老道见苏轼穿着朴素，面容一般，便很冷淡地指着椅子说：“坐。”然后吩咐道童：“茶。”与苏轼交谈后，老道发现苏轼谈吐不凡，并非一般的书生，就把他带到大殿，礼貌客气地对他说："请坐!"吩咐道童向客人"敬茶"。当知道眼前的客人竟是大名鼎鼎的苏东坡时，他开始鞠躬作揖，把他带到客厅，毕恭毕敬地连续说"请上坐"，并特别吩咐道童"敬香茶"。随着苏轼"身份"的渐渐"暴露"，老道对他的态度也逐步变好，到后来几乎是谄媚。在离开之前，老道请苏轼题字作为纪念。由于不喜老道势利的态度，苏轼就跟他开了个小玩笑，写下了"坐，请坐，请上坐；茶，敬茶，敬香茶"来讽刺他，这让老道很尴尬，非常不好意思。其实，这种因对方身份而转变态度的待人者还是不少的，只是这位莫干山老道的行为太露骨、太典型，并且遇到了才子苏东坡，才收到了那样一首诗，得到一个绝妙的"留念"罢了!

面对不同身份地位的人，转变态度的事情很普遍，但此举历来为正人君子所不齿。《礼记》中说："不失足于人，不失色于人，不失口于人。"这是给人们谆谆的教诲。所谓"失色"，是指不要用不合适的态度对待他人，这里面当然包括孔子所说的不谄、不渎。

"下交不渎"好像更困难些。宋人何坦在临终前说过这样一句话："交朋必择胜己者。"依照这些交朋友的原则，便只有"上交"，不得"下交"，这就连"不渎"也不存在了。显然，这是站不住脚的。因为，如果每个人在交友时都坚守"交朋必择胜己者"这一原则，那最后谁也不能交到真正的朋友。意思很简单，如果甲"胜"乙，乙"胜"丙，那么，乙不与丙交友，甲又不与乙交友，大家没有资格交朋友，那还能交到朋友吗？所以说，"下交"是难免的，人人只交"胜己者"是不可能的。

因此，问题的关键不是"下交"，而是"下交"要"不渎"。明代学者薛瑄在《读书录》中说过："虚心接人，则于人无忤；自满者反是。"这个说法非常好，他要求每个人都要有谦虚的态度，不能自以为是，不要用自己的长处来看低别人的短处。这是合乎辩证法的。每个人都有自己的长处，如果每个人都因为自己在某些方面比别人有优势，有点儿长处就看不起别人，以高傲的姿态对待别人，那不但无法交朋友，就连最基本的和平共处都会成问题。

"下交"的"下"除了指人身上的某些缺点、短处之外，还包括职务、地位、资历等比自己低的人。与这样的人交朋友，“不渎”的问题照样存在。生活中也有这样一部分人，他们被传统观念所束缚，打心底里瞧不起那些职位比自己低的人。在这些人心中，他们认为自己高人一等，居高临下。你让他和职位较低的人平起平坐地交朋友，他会觉得拉低了自己的身份，是纡尊降贵，那结果就是不可能有什么“下交”。还有一种人，他们在主观意识里也想与比自己低的人交朋友，可是因为放不下“上级”的架子，说话时一张嘴就像“居高临下”下指示似的，显得盛气凌人。这样的话，很多人会对他避而远之，就算他想与普通人交朋友，也是难以实现的。

与人交往要坚持不卑不亢的态度，无论面对怎样的人，我们都应该用合适的态度去与之相处，不能因为别人比自己“高”就阿谀奉承、趋炎附势，更不要因为别人比自己“低”就高傲自大、瞧不起别人。总之，一定要摆正自己的心。

有才也不能太傲

历史上的文人有相当一部分是自命清高，目中无人，而真正有才能、有本事、能治国平天下的却是凤毛麟角。所以古语有云：“宁为百夫长，不作一书生。”没有真本事却看不起别人是“骄”，有真本事而自命清高是“傲”，无论是否有才，自命清高、目空一切都是人性的一种弱点，是浅薄的一种表现。

这类的文人大多有才，但比较自负、清高，他们恃才傲物、个性张扬，总觉得身边的人都不如自己，于是处处表现自我，目空一切。但是他们的狂妄自大常常不能令人容忍，导致他们经常受到排挤，有才能却无处施展，生活之路多半会比别人多一些坎坷。

贾谊是西汉前期杰出的政治家、思想家和文学家。贾谊从小生活在和平稳定的环境中，以精通诗书、擅写文章而闻名于郡中，在洛阳一带很有名气。当时的名士河南守吴廷尉非常赏识他的才学，将他列置门下。

公元前180年，汉文帝刘恒即位。听闻河南守吴公颇有学识，且政绩卓著，便征召吴公为廷尉。吴公上调到京城做官，贾谊也在老师的推荐下被征召入朝，立为博士，掌文献典籍。从此，年轻的贾谊便踏上了仕途，成为西汉政治集团中的一员。其时，贾谊不过22岁，在博士中最为年轻，但以见识和议论赢得博士中年长者的尊敬，受到文帝的重视。不到一年，又被破格晋升为太中大夫。朝廷上许多法令、规章的制定，都由他主持进行。

贾谊以才学和议论见长，在陈述秦灭亡的原因时，他发表了著名的《过秦论》，指出秦灭亡的原因是“仁义不施而攻守之势异也”，震动满朝文武。贾谊留给后世的名篇还有《吊屈原赋》《鹏鸟赋》《治安策》等，均是才气横溢、很有见识的名篇。

汉文帝对贾谊的才华非常赏识，又与诸大臣商议，想把他升擢为公卿，但因遭到群臣的反对而作罢。同许多悲剧性人物一样，贾谊才华横溢，备受皇帝赏识，但他锋芒毕露，难免引起某些人的嫉妒，为日后埋下了隐患。

贾谊虽才高，但不懂人情世故，不知权衡轻重，不从统治者及权贵的利益出发。他当上太中大夫之后，就迫不及待地提出许多改革措施，文帝不但没有采纳，反而觉得他过于书生气，华而不实。

后来贾谊又建议，为了强化皇权，让列侯离开京城，回到他们的封地去。结果因此而得罪了列侯，让他们非常不满。

贾谊年纪轻轻就得皇帝赏识，招致小人的嫉妒，又大力提倡改革，得罪权贵，结果上下左右均在文帝面前诽谤他。久而久之，文帝也觉得他人缘不佳，开始有意疏远他，将他调出京都，去当长沙王的太傅。

贾谊被调离京都后，深感委屈，哀伤自悼，作了《吊屈原赋》与《鹏鸟赋》。

这两篇文章传入京都后，文帝虽赞赏其文采，但又觉得贾谊气量小，言过其实，暗中抱怨君子，更觉得此人不堪重用。

后来贾谊做了梁怀王的太傅，梁怀王不慎坠马身亡。贾谊本没有责任，但他害怕文帝追究，又追悔自己疏忽，没尽到太傅的责任。从此更加郁郁寡欢，终日哭泣不已，一年后竟因伤感过度而病逝，年仅33岁。

贾谊同历史上许多不得志的文人一样，不知世事险恶，不懂人情世故，自视清高。汉文帝也算是一代明君了，贾谊尚不能为他所用，可见他太不通世故。他过分显露才华，招致小人的嫉妒；不考虑列侯的利益，锐意改革，得罪了权贵。另外，贾谊一旦失宠，没能及时调整自己去适应现实，只会哀伤自悼，一蹶不振，这就更令君王反感。

有才华的人恃才傲物、自命清高，不擅处理复杂的人际关系，这是中国古代文人的一种通病。气盛张扬，锋芒毕露，可能会招致别人的怨恨。高高在上的领导者多不喜欢在才能上被别人超越，如果想要取悦他们，过分展现你的才华可能会适得其反，引起上位者对你的猜忌和不满。而自以为优越，过分张扬，还会招致身边小人的嫉妒和怨恨，从而给自己惹来麻烦，甚至杀身之祸。

过分清高张扬的人，往往不能融入社会，他们把自己封闭起来，怀疑一切，傲视一切，看不起芸芸众生。

凡·高是一个非常伟大的画家，他是一个天才，但也是悲剧的主角。他出生于荷兰乡村的一个牧师家庭，从小就热爱绘画，并且很早便显示出惊人的绘画天赋。凡·高以绘画为生，但是他的画不符合当时的潮流，并不为世人所接受，因此穷困潦倒，只能靠做生意的弟弟接济。

凡·高自恃才高，不肯改变自己作画的风格，也不善与人交往，他目空一切，不肯向现实妥协。他痛恨潮流，甚至怀疑社会。然而正是因为他永远在痛恨着、怀疑着，使得自己成了疯子。一日在与高更激烈争吵之后，他割下自己的一只耳朵，并用手帕包着送给一个情妓。1890 年 7 月，他在精神错乱中开枪自杀，年仅 37 岁。虽然他的才华在后世得到人们的赞赏，但是在他活着的时候，穷困落魄，非常凄惨，一生只卖出去一幅画。

天外有天，人外有人，即使你再有能力，也会有比你强的人，因此才高不应成为自傲的理由。千万不要自以为了不起，这只会让人更加讨厌，只会给自己带来麻烦。

别太把自己当回事

布恩·塔金顿是20世纪美国著名小说家、剧作家，他的作品《伟大的安伯森斯》和《爱丽丝·亚当斯》受到观众的喜爱并获奖。有一天，他在一次艺术家作品展览会上，遇到了两位女性读者前来索要签名。

“我没带自来水笔，用铅笔可以吗？”布恩·塔金顿知道她们不会拒绝，他只是想展示一下自己作为一名著名作家，谦和地对待普通读者的大家风范。

“当然可以。”两位读者爽快地答应了，她们表现得很兴奋，这也让布恩·塔金顿感到很高兴。

其中一位读者将一个非常精美的笔记本递给他后，他用铅笔洋洋洒洒地签上了自己的名字，并附带了几句鼓励的话语。但出乎意料的是，两位读者在看到签名后，眉头皱了起来，她们发觉自己认错了人，其实并不想要布恩·塔金顿的签名。

布思·塔金顿非常自负地告诉读者，自己是《爱丽丝·亚当斯》的作者，曾经两次获奖。谁知，其中一位读者将头转向她的女友，毫不在意地耸耸肩说："把你的橡皮借给我用用，我要擦掉。"

那一刻，布思·塔金顿所有的自负和骄傲瞬间化为乌有。从此以后，他时刻告诫自己：无论自己多么优秀，都别太把自己当回事。

如果一个人太不把自己当回事，就会失去自我，失去尊严。一旦遭遇困难和挫折，就会轻视自己，轻视生活，甚至轻视生命；但如果太将自己当一回事，只见树木，不见森林，内心充溢着的全是一股自傲之气，就很容易走向偏执狂妄的误区。叶圣陶先生的童话《古代英雄的石像》中那个"英雄"就能很好地说明这一点：拥有了一点儿功绩，就难以抵挡别人几句善意的夸奖和赞美，就自以为是地飘起来，自高自大，故步自封，结果闹了个身败名裂的下场。

一位著名的指挥家、作曲家曾经遇到过这样一件事。这位指挥家年纪轻轻就当上了乐队的指挥，他感到很骄傲，甚至有些自满，认为自己才华横溢，没有人能够比得上自己。有一天他把指挥棒忘在家里，正准备派人去取。身边的人却告诉他："没关系，向乐队其他人借一根就行。"指挥家不明白，除了自己，谁还可能带指挥棒？于是，他问道："谁能借我一根指挥棒。"大提琴手、首席小提琴手和钢琴师分别从包里掏出了随身带着的指挥棒递到他的面前。他突然意识到，自己随时可能会被他人替代。乐队中有太多的人私下里在暗暗努力，时刻准备取代自己。这件事情以后，每当他想偷懒或忘乎所以的时候，就会看到大提琴手、首席小提琴手和钢琴师的三根指挥棒在眼前晃动。

是的，别太把自己当回事，很多时候，我们以为自己无可替代。但是，其实我们所看重的那个自己，对于别人来说，可以是金银珠宝，也可以是没有丝毫价值的尘埃。

自己不能看扁自己

《塔木德》中写道："不要自贬身价，以免别人看轻。"

曾经有这样一场拍卖会，是专门拍卖旧货的。拍卖会上有人拍卖一把小提琴。那是一把看起来非常旧、非常破的小提琴。拍卖商拿起小提琴，拨了一下琴弦，结果发出的声音跑调了，还非常刺耳。他看着这把毫无希望的小提琴，皱着眉头、面无表情地开始出价：10 美元。根本没有人应价。他又把价格降到 5 美元，还是没有人应价。就这样，他继续降价，一直降到 1 美元。他说："1 美元，只要 1 美元。1 美元，它并不值多少钱，可只要花 1 美元就能把它拿走！"

就在这时，一位白发苍苍的老人走上前来，想要看看这把琴，拍卖商同意了他的请求。老人拿出手绢，轻轻地将琴上的灰尘和脏痕擦去，然后拨动琴弦，听着声音一丝不苟地给每一根弦调音。等到所有的弦都调试好以后，他将这把破旧的小提琴放到左肩上，开始演奏。结果，这把小提琴演奏出了无比美妙的音乐，现场的人都不相信如此美妙的旋律是从这把破旧的小提琴上流淌出来的。

这个时候，拍卖商又问起价是多少。有人说100美元，有人说200美元，就这样，小提琴的价格一路上升，直到最后以1000美元成交。

为什么有人肯花1000美元买这把又破又烂的小提琴呢？为什么没有人肯花1美元买呢？因为它已经被调准了音，能够演奏出优美的乐曲。

一个人就像一把小提琴，不同的心态决定了琴弦的质量。调整好心态，不看轻自己，别人就不会轻视你的价值。

有这样一则故事：

一天，大象对萤火虫说："瞧瞧我吧，你们该是何等的渺小啊！居然还好意思飞来飞去！"

萤火虫们听后非常伤心，它们的哭声恰好被一位过路的神听到了。神知道萤火虫们痛哭的原因后，就对它们说："上帝是公平的，他造就的每一件东西、每一个生物都有它们自己的用途和存在的价值。你们不必因为自己的身体渺小而伤心，你们也有大象无法比拟的优点——你们能发光，聚在一起就能为夜行人引路。这不是一件很有意义的事吗？”

在这个世界上，毕竟普通人占多数，他们既没有篮球飞人乔丹惊人的弹跳力，也没有微软总裁比尔·盖茨的智慧。但是，他们也有自己的优点，善良、真诚、勤奋，而这一切正是一个人的立世资本。

因此，任何时候都不要看轻自己，也不要认为自己是最可怜、最一无是处的。唯有学会宽容自己，接纳自己，看到自己的价值，你才能充分挖掘出自己的潜力，开拓出属于自己的一方天地。

许多人即使本身并不可怜，也要将自己当成受害者，认为自己的处境不如意、太可怜。其实，人不可能一辈子一帆风顺，因此你无须过分怀疑自己的能力，更不要自贬，觉得自己一无是处。

自以为是的人好像没人喜欢

自以为是的人往往都是虚荣心很强的人。虚荣心是人类灵魂深处的魔鬼，让人变得沾沾自喜，误以为自己很了不起，无所不能。可事实上并非如此，“天外有天，人外有人。”太高调地宣传自己，炫耀自己，会把自己变成一个只会自吹自擂，却无真才实学的人。低调者不会自以为是，他们有信心而不自傲，有能力而不自大。如果你也想在自己的专业领域获得成功，那么就要保持低调的心态，抛弃自以为是、盲目自大的毛病。

柯金斯曾经是福特汽车公司的总经理。有一天晚上，公司有件十分紧急的事情，柯金斯要求写通告信给所有的营业处。当柯金斯安排书记员去帮助套信封时，那个年轻职员傲慢地说：“那有损于我的身份，我可不干！我到公司里来不是做套信封工作的。”柯金斯听后十分愤怒，但是他没有表现出来。他平静地对那个年轻职员说：“既然做这件事是对你的侮辱，那就请你另谋高就吧！”那个青年一怒之下就离开了福特公司。

之后的好多年里，那个年轻职员仍然自以为是，听不进去别人的话。所以，他跑了很多地方，换了好多份工作都觉得很不满意。一天，那个年轻职员静静地思索这些年的经历，他终于知道了自己的过错。于是，他找到柯金斯，诚挚地说："我在外面经历了许多事情，经历得越多，越觉得我那天的行为是错误的。因此，我想回到这里工作，您还肯任用我吗？""当然可以，"柯金斯说，"因为你现在已经能听取别人的建议，不自以为是了。"

再次进入福特公司后，那个年轻职员不仅不再因取得了成绩而骄傲自满，而且经常虚心地向别人请教。最后，他成了一个很有名的大富翁。

越是有涵养、稳重的成功人士，越懂得低调。只有那些浅薄的、自以为有所成就的人才会骄傲。汽车大王福特曾说："一个人若自以为有许多成就而止步不前，那么他的失败就在眼前。我见过许多人，开始时挣扎奋斗，在他花费无数血汗，前途稍露曙光后，便自鸣得意，开始松懈，于是失败立刻追踪而至。跌倒后，再也爬不起来。"美国石油大王洛克菲勒也说："当我从事的石油事业蒸蒸日上时，我每晚睡觉前，总会拍拍自己的额头说：如今你的成绩还是微乎其微，以后的路途仍会有险阻，稍有不慎，必导致前功尽弃，切勿让自满的意念搅昏你的脑袋。当心！当心！”这都是在告诫人们不要自以为是。其实要改正自以为是的缺点，并不是一件难事，只要记住：即使名人也是普通的人。

英国首相丘吉尔就是一个不自以为是的人。有一天晚上，丘吉尔应邀到英国C广播电视台发表重要的演说，因为丘吉尔的车子坏了，所以他出门只能搭计程车了。丘吉尔一招手，一部计程车停了下来。

“司机先生，可不可以麻烦您载我到C广播电台？”丘吉尔客气地说。

计程车司机摇下车窗，伸出头来，说：“先生，很抱歉，我不能载您去。请您另外招一部计程车吧！”

“为什么？难道您不载客了吗？”丘吉尔疑惑地问。

计程车司机很不好意思地回答：“不是啦！因为C广播电台太远了，如果我载您去，那么我就来不及回家打开收音机，收听丘吉尔的演讲了。”

丘吉尔听了之后，感动地从口袋里掏出5英镑交给司机。司机看到丘吉尔给他那么多钱，一时兴奋，高声喊道："先生，上来吧！我载您去C广播电台吧！"

"那么您将无法收听到丘吉尔的演讲了，没关系吗？"丘吉尔诧异地问。

计程车司机下车打开后车门，说了句："去他的丘吉尔，现在您比他的演讲重要多了。"

以后丘吉尔首相每回演讲，都会讲述这个故事。因为丘吉尔要借机时刻提醒自己：千万不能自以为是。因为，这样是经不起人生考验的，会让自己成为一个只有虚名的名人。

我们要认清这一点：人们都不喜欢那些自以为是的人。自以为是将会使与你接触的人，个个感觉头痛，从而对你产生不良的印象。如果你不愿意别人这样看待你，那么最好的办法就是关注自己的行为，不矫揉造作，不故意炫弄，不以自以为是来获得别人的喝彩。德国作家托马斯·肯比斯说："一个真正伟大的人是从不关注他的名誉高度的。"一个人不要因为自己的一点儿成就而自以为是，也不要因为贪恋虚荣而自以为是，要脚踏实地地去干一番事业，通过自己的奋斗创造属于自己的未来。

人有时就不应该太得意

“满意”和“得意”这两个词都反映了人们因外界事物而引起的愉悦心理，但是两者又有很大的区别。如果用杯子里的水的多少来形容“满意”和“得意”的程度，那么满意就是杯子里的水“满而不溢”，而得意则是“满而溢”。“满意”反映了一种满足的心理，而“得意”带有些许贬义色彩，暗含讥讽之意，如自鸣得意、得意扬扬、得意忘形。

电视剧《过把瘾》中有这样一个情节：一个意大利人和一个漂亮的中国姑娘结婚了，席间，意大利新郎对现场的人说：“我很得意。”站在一旁的新娘子连忙纠正他道：“是满意。”这位老外知道自己说错了话，连忙打圆场说：“你们中国话真是难学，弄不好就是不满意了。”像这位老外犯的这种语言错误，其实并不值得在意，毕竟是老外嘛。可是在现实中还真有些人分不清是该“满意”还是“得意”。例如，在某次联谊会上，有位大学中文系教授走到一位穿着很讲究的男士面前，很有礼貌地问道：“先生台甫？”男士不解其意，看着教授发愣。教授只好改口：“大号？”对方回答：“鄙人在某某公司。”教授又进一步追问：“先生怎么称呼？”这位男士回答：“我是经理。”这位男士也许对自己的职位很满意，但他有些得意忘形，于是过分地强调了自己的职位，连自己姓甚名谁都懒得说了。

人为什么会得意呢？也许是比别人的人生境遇顺畅一些，也许是获得了无比的满足，或者取得了一些小小的成绩。然而，最主要的原因是他们的浅薄。浅薄的人总是认为自己通晓了一切，不管什么样的事情他都能应付自如。曾经有一位俄国青年，因为写了几首诗就觉得不可一世，竟连大诗人普希金也不放在眼里。有一次，他居然当众问普希金：“我和太阳有什么共同之处呢？”普希金轻蔑地回答道：“你和太阳的相似之处是，我们看你的时候和看太阳的时候一样，都是皱着眉头。”

浅薄的人总是喜欢别人去赞美他，每每遇到别人哪怕是一点点的赞赏之言，他也会非常得意，并因此自我膨胀起来。有一位画家画好一幅画后，拿到邻居家去让邻居欣赏。这个邻居是个鞋匠，他看得很专注。看完画后，他指出画上的靴子少了一个纽扣。画家惊叹鞋匠看得如此细心，他马上改正了自己的疏忽。这时，鞋匠竟然以为自己已经有了很高的鉴赏能力，不由得得意起来。过了一会儿，当画家再次把画作拿来的时候，他居然郑重其事地对整张画指指点点，细数画家的过失。画家没有想到鞋匠会批评他的画作，因此被弄得哭笑不得。

得意和尊卑贵贱并没有关系，但在浅薄的人看来，只要他比别人有那么一点儿所谓的尊贵，就能成为他得意的资本。

有这样一则故事，说的是在一个破旧的街区，住着三个女人，她们经常在一起聊天。一天，一个女人想到自己的丈夫，不由得暗暗得意，于是对另外两个女人说："我的丈夫非常优秀，他现在是一名火车司机。"另外一个女人听后很不服气，赶紧说道："火车司机算什么？我丈夫是列车长，专管你丈夫。"第三个女人也不甘示弱，她接口说道："我丈夫扳道岔的，他让火车朝哪条道上开，火车就得朝哪条道上开。"一列火车成全了三个女人的虚荣心，使她们得意忘形地快活着。

人一得意，就容易目空一切，不知天高地厚，这是狂妄的表现。其实，真正的高处就在你的脚下。在老北京城的一条街上住着三个裁缝。甲裁缝在自己的橱窗上挂出一块招牌，上面写道："全北京最好的裁缝。"乙裁缝看到后立刻也挂出一块招牌："中国最好的裁缝。"丙裁缝看到两个人的招牌，仔细想了一下，也挂出一块招牌，上面写道："此街最好的裁缝"。

古人云："傲不可长，欲不可纵，乐不可极，志不可满。""盈则亏，满则损。"所以在遇到高兴的事情时，还是要劝自己不要太得意了。

第九章
处世要圆融，刚柔并济才能混得开

做人方与圆缺一不可

为人处世，无刚不立，但过刚则易折。如何克服这一矛盾呢？外圆内方是个不错的选择。也就是说，为人要品性刚正，但又要讲究谋略，柔中有刚，刚中带柔，刚柔并济，如此才是做人的至高境界。

清代的张之洞为官几十载，纵横捭阖，叱咤风云，在晚清黑暗腐败的官场里入阁拜相，坚持自己的原则，成为一代名臣。

张之洞的成功，不仅源自他的学识，还得益于他做人老到、进退有度、刚柔并济。张之洞生性忠直，勇于针砭时弊，敢于弹劾朝中要员，赢得了人们的赞誉和钦佩。他即使在声名大噪之时也没有忘乎所以，时刻保持着清醒的头脑，这正是张之洞做人的聪明之处。

其实张之洞虽正直，但也善于设防自保。他既有主见和个性，又不失灵活，也就是既富于刚性，又不失弹性，具有刚柔相济的性格，是一个外圆内方的政治家，外表像柔软的海绵，骨子里却如同钢铁。

当时清流党中的张佩纶、邓承修等人受一系列直谏成功的鼓舞，热血奔涌，愈加放肆。他们纷纷上疏，弹劾贪污受贿和昏庸误政的官员。而张之洞并不赞同他们的这些做法，他认为一个人如果一味刚直、锋芒毕露、咄咄逼人，不仅容易惹火烧身、招致祸端，而且易有性命之忧。那种逞血气之勇、图一时痛快的做法，绝非智者所为。身处你死我活、激烈竞争的清朝官场旋涡之中，谁敢说自己能够永远做个不倒翁？

真正的聪明人，总是善于想方设法保护自己，躲避陷阱，绕开虎口狼窝。尤其是位高权重者，很容易成为众矢之的，爬得越高，跌下来就越惨，最后落得身败名裂。所以张之洞遇事总是思前顾后，留有余地，凡事都力争有所回旋。比如，他每次上奏进谏，虽然言辞激烈、慷慨激昂，但常常是针对事件有感而发，一般不直接将矛头对准某个人。也就是说，他注重就事论事，通过事情论证是非曲直，而不搞人身攻击。即便因为事件本身不得不触及某人，他也尽量减少对当事人的斥贬，而是着重抨击事情的荒谬。这样就给人以光明磊落之感，既避免让局外人误认为是泄私愤，又不让对手抓住任何把柄。因此，张之洞在官场上可谓是游刃有余，既善于出击，又巧于自保。

张之洞是一个成熟老到的政治家，他老谋深算，进退有术，处处为自己留下退路。他不结宗派、树私党，常常标榜自己“立身立朝之道，无台无阁，无湘无淮，无和无战”，“既和又不能同，既群又不能党”。正是因为张之洞做人的成功，他才能在官场上既如鱼得水，又出淤泥而不染；既抓住一切机会让朝廷赏识自己，又尽自己所能为百姓办实事。中庸的做人哲学在张之洞的身上得到充分的体现，其运用之精妙令人赞叹。

古往今来，有许多自诩机敏之士于风雨飘摇中遭遇不幸，这是因为他们不懂得左右逢源、圆滑处世，常因行为脱俗、锋芒毕露而招人嫉恨。如果能学会外圆内方，以中庸哲学做人，想必就不会那么不幸，而是可以更好地展现才华，为国为民尽心尽力了。

虽然说做人一定要有原则，要品性刚正，但是也要讲究谋略，懂得变通，圆融处世，这样才会有好人缘和好的交际圈。做人方与圆缺一不可，外圆内方、刚柔并济才是做人的最高境界。

要会“示弱”，也要会“示强”

在人生的战场上，如果实力不足，让人看破其中的奥妙，就很容易遭对手长驱直入，瞬间被打败。如果实力强劲，成为各方锁定、提防的对象，就容易让对方提高警觉、集结力量，成为众矢之的。因此，何时示强，何时示弱，是一门需要审慎斟酌的学问。

宋朝时，岳飞奉命到岭南招安盗贼，朝廷的政策是希望盗贼能够主动投降，但是岳飞费尽唇舌，威逼利诱，贼头曹成却不理不睬。岳飞无奈，于是上书向朝廷建议：“盗贼在力量强大的时候，必然信心百倍，不可一世；通常只有在力量虚弱时，才有可能接受招安。现在的情况是盗贼还有些气势，如果不加以围剿，他们是不可能投降的，所以招安并不可行。”

朝廷同意了岳飞的提议，岳飞率将士与盗贼正式开战。就在双方交战一段时间后，士兵抓到了一名曹成派来的细作。因为久攻不下，正在苦思对策的岳飞此时灵机一动，马上吩咐部下将细作绑在主帅军帐的附近，好让细作听得到岳飞与将领之间的谈话。

在这场只演给细作一个人看的戏中，岳飞故意与押粮官谈及粮草，说一些“军粮已尽，该如何是好”之类的话，然后还假装与其他将领谈到因为战事不顺，部队准备暂时撤离的计划。

戏演完之后，岳飞又故意让细作有机会逃跑。

之后几天，部队按兵不动，将士们都感到纳闷儿。岳飞估计细作应该已经带着假情报回到了贼营，就选择一个夜晚，下令全军整装，摸黑急行军。天还没亮，大军已经偷偷绕过山头，兵临贼营。贼众们因为假情报而松松散散，毫无戒备，当发现岳家军来袭之后，他们顿时大惊失色，措手不及，四处仓皇逃窜，溃不成军。

接着，岳家军又连续破了好几个贼众的主要据点。看贼众的气势已经构不成威胁，岳飞这才又上书表示，现在是招安的时候了。

果然，接下来的招安行动顺利多了。

我们常常听到“老子吃软不吃硬”这句话，通常指的是一种不服输、不受威胁的态度，表示愿意坐下来好好谈谈，如果想用武力威胁就免谈。不过，这种态度通常要有实力做后盾，再不然就是尊严摆第一，有宁死不屈的气魄。对一些有所凭恃、自认有些筹码的对象而言，不先给他点儿颜色看看，给点儿厉害瞧瞧，怎么能与他和颜悦色地坐下来谈呢？也就是说，在现实生活中“来硬的”才能真正有效。这正是岳飞主张“强硬哲学”的原因。

如果自己没有实力，就没有强硬的本钱；如果自己有本事，那么在面对顽强的对手时，就得先来个下马威，不然，想要让人乖乖就范就有些困难了。所以，要想高标办事，就要懂得审时度势，适时变通。

练达处世才能有好人缘

卡耐基说：“一个人的成功，只有百分之十五是因为他的专业技术，而百分之八十五却要靠他的人际关系和为人处世的能力。”人的一生无非就是为人处世，只有对社会上的各种事情都明白透彻了，才算是学问；只有在处理人情世故时干练通达，才算得上是锦绣文章。

曹雪芹在《红楼梦》一书中塑造的薛宝钗便是这样一个成功的人物，她才貌双全，诗才之敏捷足以与林黛玉媲美，而为人处世更是“行为豁达，随分从时，不比黛玉孤高自许，目下无尘，故比黛玉大得人心”。上至贾母，下至小丫头，不管是被归为正面人物的林黛玉，还是属于反派人物的赵姨娘，没有一个不喜欢她的。在《红楼梦》营造的那个庞大而复杂的大家族里，能做到不与一人为敌，受到众人的尊重，的确不是易事。

首先薛宝钗为人大度，不计小怨。虽然开始的时候林黛玉处处针对她，甚至见她出丑还幸灾乐祸，但日久见人心，薛宝钗的友善逐渐将林黛玉感化，最后两个人比亲姐妹还要亲。而薛宝钗的善良也不是只对林黛玉一个人，她见香菱羡慕大观园，就说服母亲把她带进园中。

宝钗在书中表现更多的是一种“宁静以致远，淡泊以明志”的境界，她不愿与人争、与人斗，处世圆滑周到，但也不容许他人对自己随意践踏。“（夏金桂）先前不过挟制薛蟠，后来倚娇作媚，将及薛姨妈，后将至薛宝钗。宝钗久察其不轨之心，随机应变，暗以言语弹压其志。金桂知其不可犯，便欲寻隙，又无隙可乘，只得曲意俯就。”（《红楼梦》第七十九回）第三十回时，宝钗看戏，因怕热提前走了，宝玉开玩笑说宝钗像杨贵妃，“体丰怯热”。林黛玉听见宝玉奚落宝钗，心中得意，问宝钗听了两出什么戏。（宝钗）便笑道：“我看的是李逵骂了宋江，后来又赔不是。”宝玉又笑道：“姐姐通今博古，事事都知道，怎么连这一出戏的名字也说错了。这叫《负荆请罪》。”宝钗笑道：“原来这叫作《负荆请罪》！你们通今博古，才知道负荆请罪，我不知道什么是负荆请罪！”一句话未说完，宝玉、黛玉二人心里有鬼，听了这话，早把脸羞红了。

宝钗借一出《负荆请罪》，反被动为主动，由原来的被奚落，到后来巧妙地使宝玉和黛玉“自打嘴巴”。而当王熙凤突然问他们三人谁吃了生姜时，宝钗见宝玉十分羞愧，便将笑收住，得饶人处且饶人。这么做既不让人轻贱了自己，又不过分逼迫别人，真正做到了既维护尊严又宽容大度。

而在宝钗处世的策略上，也充分体现了她的智慧。

宝钗从不在人后道人长短，即使是姐妹们闲聊，也不见她说对谁有不满，这种谨言的态度也是她受到众人喜爱的原因之一。毕竟一个经常指责别人的人，只会让人感到挑剔而难以相处，甚至会让人感到品质恶劣而厌烦。比如中伤晴雯的袭人，就令许多人反感。

宝钗处世柔婉，进退有度，这在第十八回元妃省亲时有很好的体现。当时，宝玉作“绿玉春犹卷”，与元妃先前将“红香绿玉”改为“怡红快绿”相冲，薛宝钗见了，趁众人不理论之时，悄推宝玉，提醒他并叫其改正。而第六十二回描写行令，黛玉打趣宝玉，“他倒有心给你们一瓶油，又怕挂误着打窃盗的官司”，本意是对宝玉开玩笑，不料彩云有心病，黛玉的话反而让彩云尴尬。这时宝钗忙暗暗地瞅了黛玉一眼，黛玉方知失言，自悔不及。

宝钗在这些场合中表现出的进退有度，无一不体现出她的良好修养，同时也避免了得罪别人，为自己引来麻烦。这不是虚伪、狡诈，而是一种柔忍的做人处世的哲学，是一种圆融变通的处世技巧。

宝钗的处世智慧还体现在对一些大事的处理上。在第五十六回时，宝钗与探春、李纨谈及园中的花费开销，她围绕如何减少开支提出了一系列具体的方案，既让园里省钱，又让那些老妈妈分得一些甜头，使她们更尽心尽力地做事，两边皆欢喜。这一平衡就是凤姐也很难掌握。

宝钗对人体贴细心。宝玉生病，她会送去药丸，并给予宽慰；黛玉多病，又个性孤僻，她就常与其谈心，最终“金兰契互剖金兰语”；她帮助邢岫烟，暗中体贴接济，但从不让别人知道，怕邢夫人有所不满，反而给岫烟添麻烦。

我们在这个社会上生存，不可避免地要同别人打交道，要想拥有一个良好的人缘，对人就不能过于苛刻，更不能咄咄逼人。就算你对对方有什么意见，也不能表现出来。如果你改变不了对方，那就改变自己。

想防算计就“装熊”

不露声色是一种极为高明的手段。它既能有效地隐藏自己的真实意图，又能出人意料地获得成功。宋仁宗时的副宰相王曾就是深谙此道的智者。

与王曾同朝的宰相丁谓有两大绝招。第一个绝招是把仁宗孤立起来，不让他和其他的臣僚接近。文武百官只能在正式朝会时见到仁宗，朝会一散，各自回家，谁也不准单独留下来和皇上交谈。第二个绝招是排除异己。凡是稍有头脑、不附和丁谓的执政大臣，丁谓一律把他们从朝中赶走。丁谓高踞权势的顶峰，自以为稳如泰山，可以高枕无忧。

副宰相王曾看在眼里，记在心里。他整天装作迷迷糊糊的憨厚样子，在宰相丁谓面前总是唯唯诺诺，从不发表与丁谓不同的意见。朝会散后，他也从不打算撇开丁谓去单独谒见皇上。日子久了，丁谓对他越来越放心，以致毫无戒备。

一天，王曾哭哭啼啼地向丁谓说：“我有一件家事不好办，很伤心。”丁谓关心地问他何事为难。王曾说：“我从小失去父母，全靠姐姐抚养，得以长大成人，恩情有如父母。老姐姐年已八十，只有一个独生子在军队里当兵。身体弱，受不了当兵的苦。姐姐多次向我哭泣，求我设法免除外甥的兵役……”丁谓说：“这事很容易办吧！你朝会后单独向皇上奏明，只要皇上一点头，不就成了？”王曾说：“我身居执政大臣之位，怎敢为私事去麻烦皇上呢？”丁谓笑着说：“无须担心，这有什么不可以的。”王曾一副犹豫不决的样子，嗫嚅道：“我不便为了外甥的小事而擅自留身……”丁谓爽快地回答：“没关系，你可以留身。”王曾听了非常感激，还滴了几滴眼泪。可是几次朝会散后，仍不曾看到王曾留身求情。丁谓又问王曾：“你外甥的问题解决了吗？”王曾摇摇头，装作很难过的样子说：“姐姐总向我没完没了地唠叨。我也不好受……”说着说着，又要哭了。丁谓这时不知是真起了同情心，还是想借此施恩，表示对王曾的关心，竟一再劝王曾明天朝会后独自留身，向皇上奏明其姐家的难处，请求皇上免除外甥的兵役。

第二天，文武百官朝见仁宗和刘太后以后，各自回家，只有副宰相王曾请求留身，单独向皇上奏事。宰相丁谓当即批准他的请求，把他带到太后和仁宗面前，自己退了下去。但他还是不太放心，便守在阁门外不走，想打听王曾向皇上讲了一些什么话。

王曾一见太后和仁宗，便当面揭发了丁谓的种种罪行，还从衣袖里拿出丁谓的罪证。这是王曾早就准备好了的，今天一件件当面呈给刘太后和宋仁宗。太后和仁宗听了王曾的话后，大吃一惊。刘太后气得五内生烟，下决心要除掉丁谓。而仁宗痛恨丁谓专权跋扈，早就想除掉他。只是丁谓深得太后的宠信，他有所顾忌，一直不敢出手。今天和王曾沟通后，又得到太后的支持，自然更不会手软。

王曾在太后和仁宗面前说了一个上午，直到午膳时还没说完。丁谓等在阁门外，见王曾很久不出来，揣想王曾绝不是谈什么外甥服兵役的问题，一定是谈军国大政。他做贼心虚，急得跺脚揪耳朵，一个劲儿地自怨自艾："上当了！太晚了！来不及了！"当王曾来到阁门外遇见丁谓时，丁谓恶狠狠地瞪了王曾一眼。王曾向他拱手致意，丁谓不理不睬，怒气冲冲地走了。但丁谓已无法逃脱被贬崖州的厄运。飞扬跋扈、不可一世的丁谓竟然被外表懦弱、看似迂腐的王曾所扳倒，这是丁谓原来怎么也想不到的事情。

好好体会一下王曾“装熊”的实质，就会明白这实为他的一大做人技巧。

有些人看起来非常愚蠢，但在遇到事情时总是可以有惊无险，化险为夷。相反地，有些人则是表面上很精明，而在遇到事情时却被暗箭射中。我们应该学习文中王曾的做法，“装熊”也是一种对付小人、防遭算计的策略。

硬软有度，处世不难

美国前总统克林顿的继父，经常在酗酒之后对克林顿的母亲施暴，以致被警察拘留过多次。有一回，父母的卧室中又传来了继父殴打母亲的声音和母亲撕心裂肺的哭声，已上高一的克林顿怒不可遏，一脚踹开门冲了进去。他指着继父说：“爸爸，我有句话要告诉你，我要你站起来听——如果你不站起来，我可以‘帮助’你站起来。”继父只好停住手脚，站了起来。这时，克林顿便正式提出了警告：“听着，我再不会让你发酒疯了，更不允许你动母亲一个指头。否则，你要小心我的拳头!”这种有商有量、严厉警告的言语方式，不软不硬地制服了继父。

常言说“好汉不吃眼前亏”，在交际中遇到挫折时要能屈能伸，一语不中时要退而求其次。有软有硬方可做到出神入化。软言软语，在一般情况下，多数人是能够做到的，问题是在特殊情况下，尤其是面对强词利语或无端挑衅时，再那样软言慢道就难了。人们往往有这样一种心理，遇到“冲人之言”，“忍了”觉得太窝囊、太软弱，于是针尖对麦芒，高声大嗓，唇枪舌剑，交起锋来。这样做“硬”倒是硬了，“痛快”倒也痛快，但结果是火上浇油，矛盾升级，到头来问题没解决，反倒装了一肚子气。你看，这种针锋相对的“硬”与那种软中有硬相比，哪个好一些呢？

一位从内地到广州出差的老人，在小货摊上被卖货的女青年掏了腰包，几百元外汇券不翼而飞。货摊附近只有他俩，老人知道此事与姑娘有关，但当他提及此事时，姑娘翻了脸，叫他到公安局去告。老人冷静一思索，没和她来硬的，他压低声音，恳求地说：“姑娘，我一下子买了你五六十元的东西，你怎么能这样对待我呢？我知道，你们做生意的，信誉要紧啊!”这话既有恳求，又有开导，还有暗示，最后一句意味深长，不能不使姑娘深思。他进一步恳求道："我从内地来，别人托我买东西，好不容易找些外汇券，丢了我怎么交代？叫我到哪里换外汇券？你就替我仔细找找吧，或许忙乱中掉到衣服堆里去了。我知道，你们做买卖的是最体谅人的！"终于，姑娘被说动了，她就坡下驴，从衣服堆里找出了钱包，不好意思地还给了老人。这样，老人不但索要回了钱包，也挽救了一名青年的良知。

有这样一家公司，总经理脾气极为暴躁、执拗，相比之下，他的一个下属则显得温和，能让步，他们两个人可谓一硬一软。谈判时，总经理先出面向对方宣布自己的条件，当然是一些难以接受的条件；谈判陷入僵局时，再由他的下属出面与对方谈；如果局面继续僵持不下，他的下属就会这样问："你们是现在和我谈呢，还是等着和我们总经理谈呢？"

对方实在受不了总经理的暴躁，只好和他的下属谈，而他的下属实际上也并未做出多少让步。该公司因此大获利益。

在社会上，人们为了生活或为了生活得更好，总要与人争些什么，不管是争物质利益，还是争精神利益，或动脑力，或动体力，或文或武，都应该讲究不软不硬。太硬了，激人过分，狗急跳墙，弄不好两败俱伤；太软了，“人善被人欺，马善被人骑”，让别人得寸进尺。最好的办法就是不软不硬，或硬中有软、软中有硬，这是为人处世最好的分寸之一。